智能制造高技能人才培养规划丛书

ABB 工业机器人
虚拟仿真教程

工控帮教研组 编著

电子工业出版社
Publishing House of Electronics Industry
北京 · BEIJING

内 容 简 介

随着工业机器人应用水平的不断提升，越来越多的生产企业加入应用工业机器人的队列。这就使得调试工业机器人的工程技术人员数量不断攀升，在调试过程中暴露出的问题也在不断增加。

本书根据大量对仿真的实际需求，以 ABB 公司的工业机器人仿真软件 RobotStudio 为基础，详细讲述 ABB 工业机器人仿真软件从基础仿真到高级 Smart 组件的实际应用，内容分为基础篇和进阶篇：基础篇包括 6 个章节，详细讲述什么是工业机器人仿真、创建工业机器人仿真工作站的方法、如何在仿真工作站中建模、如何进行 ABB 工业机器人离线编程、事件管理器的使用方法、Smart 组件的使用方法等，内容循序渐进，是初学者必备的入门基础知识；进阶篇包括 4 个实战项目，详细讲述利用 Smart 组件为码垛、拆垛、压铸、搬运工作站进行动态仿真的操作步骤，内容深入浅出，结合案例，帮助读者加强实战能力。

本书内容贴合实际、效果逼真，既适合在校学生学习、研究，也适合广大工程技术人员学习、参考。

图书在版编目（CIP）数据

ABB 工业机器人虚拟仿真教程/工控帮教研组编著. —北京：电子工业出版社，2019.10（2024.8 重印）

（智能制造高技能人才培养规划丛书）

ISBN 978-7-121-37351-0

Ⅰ. ①A… Ⅱ. ①工… Ⅲ. ①工业机器人－系统仿真－教材 Ⅳ. ①TP242.2

中国版本图书馆 CIP 数据核字（2019）第 192428 号

策划编辑：张 楠
责任编辑：张 楠
印 刷：固安县铭成印刷有限公司
装 订：固安县铭成印刷有限公司
出版发行：电子工业出版社
     北京市海淀区万寿路 173 信箱 邮编：100036
开 本：787×1092 1/16 印张：17.5 字数：448 千字
版 次：2019 年 10 月第 1 版
印 次：2024 年 8 月第 17 次印刷
定 价：65.00 元

凡所购买电子工业出版社图书有缺损问题，请向购买书店调换。若书店售缺，请与本社发行部联系，联系及邮购电话：（010）88254888，88258888。

质量投诉请发邮件至 zlts@phei.com.cn，盗版侵权举报请发邮件至 dbqq@phei.com.cn。

本书咨询联系方式：（010）88254579。

本书编委会

主　编：余德泉

副主编：孙永仓　徐家龙　王　磊

前 言
PREFACE

随着德国工业 4.0 的提出，中国制造业向智能制造方向转型已是大势所趋。工业机器人是智能制造业最具代表性的装备。根据 IFR（国际机器人联合会）发布的最新报告，2016 年全球工业机器人销量继续保持高速增长。2017 年全球工业机器人销量约 33 万台，同比增长 14%。其中，中国工业机器人销量 9 万台，同比增长 31%。IFR 预测，未来十年，全球工业机器人销量年平均增长率将保持在 12%左右。

当前，机器人替代人工生产已经成为未来制造业的必然，工业机器人作为"制造业皇冠顶端的明珠"，将大力推动工业自动化、数字化、智能化的早日实现，为智能制造奠定基础。然而，智能制造发展并不是一蹴而就的，而是从"自动信息化""互联化"到"智能化"层层递进、演变发展的。智能制造产业链涵盖智能装备（机器人、数控机床、服务机器人、其他自动化装备）、工业互联网（机器视觉、传感器、RFID、工业以太网）、工业软件（ERP/MES/DCS 等）、3D 打印及将上述环节有机结合起来的自动化系统集成和生产线集成等。

根据智能制造产业链的发展顺序，智能制造首先需要实现自动化，然后实现信息化，再实现互联网化，最后才能真正实现智能化。工业机器人是实现智能制造前期最重要的工作之一，是联系自动化和信息化的重要载体。智能装备和产品是智能制造的实现端。围绕汽车、机械、电子、危险品制造、国防军工、化工、轻工等应用需求，工业机器人将成为智能制造中智能装备的普及代表。

由此可见，智能装备应用技术的普及和发展是我国智能制造推进的重要内容，工业机器人应用技术是一个复杂的系统工程。工业机器人不是买来就能使用的，还需要对其进行规划集成，把机器人本体与控制软件、应用软件、周边的电气设备等结合起来，组成一个完整的工作站方可进行工作。通过在数字工厂中工业机器人的推广应用，不断提高工业机器人作业的智能水平，使其不仅能替代人的体力劳动，而且能替代一部分脑力劳动。因此，以工业机器人应用为主线构造智能制造与数字车间关键技术的运用和推广显得尤为重要，这些技术包括机器人与自动化生产线布局设计、机器人与自动化上下料技术、机器人与自动化精准定位技术、机器人与自动化装配技术、机器人与自动化作业规划及示教技术、机器人与自动化生产线协同工作技术及机器人与自动化车间集成技术，通过建造机器人自动化生产线，利用机器手臂、自动化控制设备或流水线自动化推动企业技术改造向机器化、自动化、集成化、生态化、智能化方向发展，从而实现数字车间制造过程中物质流、信息流、能量流和资金流的智能化。

近年来，虽然多种因素推动着我国工业机器人在自动化工厂的广泛使用，但是一个越来越大的问题清晰地摆在我们面前，那就是工业机器人的使用和集成技术人才严重匮乏，甚至阻碍这个行业的快速发展。哈尔滨工业大学机器人研究所所长、长江学者孙立宁教授指出：按照目前中国机器人安装数量的增长速度，对工业机器人人才的需求早已处于干渴状态。目前，国内仅有少数本科院校开设工业机器人的相关专业，学校普遍没有完善的工业机器人相关课程体系及实训工作站。因此，学校老师和学员都无法得到科学培养，从而不能快速满足产业发展的需要。

工控帮教研组结合自身多年的工业机器人集成应用技术和教学经验，以及对机器人集成应用企业的深度了解，在细致分析机器人集成企业的职业岗位群和岗位能力矩阵的基础上，整合机器人相关企业的应用工程师和机器人职业教育方面的专家学者，编写"智能制造高技能人才培养规划丛书"。按照智能制造产业链和发展顺序，"智能制造高技能人才培养规划丛书"分为专业基础教材、专业核心教材和专业拓展教材。

专业基础教材涉及的内容包括触摸屏编程技术、运动控制技术、电气控制与 PLC 技术、液压与气动技术、金属材料与机械基础、EPLAN 电气制图、电工与电子技术等。

专业核心教材涉及的内容包括工业机器人技术基础、工业机器人现场编程技术、工业机器人离线编程技术、工业组态与现场总线技术、工业机器人与 PLC 系统集成、基于 SolidWorks 的工业机器人夹具和方案设计、工业机器人维修与维护、工业机器人典型应用实训、西门子 S7-200 SMART PLC 编程技术等。

专业拓展教材涉及的内容包括焊接机器人与焊接工艺、机器视觉技术、传感器技术、智能制造与自动化生产线技术、生产自动化管理技术（MES 系统）等。

本书内容力求源于企业、源于真实、源于实际，然而因编著者水平有限，错漏之处在所难免，欢迎读者关注微信公众号 GKYXT1508 进行交流，谢谢！

与本书配套的资源已上传至 http://yydz.phei.com.cn/book/abb，读者可下载使用。若在下载过程中遇到问题，可以发送邮件至 zhangn@phei.com.cn，或者直接在公众号 GKYXT1508 留言，索取配套资料。

工控帮教研组

目录
CONTENTS

基础篇

进 阶 篇

基础篇

第 1 章

初识 ABB 工业机器人仿真软件

【学习目标】
- 掌握 RobotStudio 的安装方法
- 熟悉 RobotStudio 的软件界面

1.1 什么是工业机器人仿真

随着工业自动化的市场竞争日趋激烈，客户的要求正在不断提高。在新产品生产之初，花费时间调试工业机器人或者运行工业机器人是行不通的，因为这意味着要先停止现有的生产，再对现有的设备进行修改或编程，成本较高。在未验证工业机器人的到达距离及工作区域之前，就冒险制造工业机器人工具和固定装置已经不符合客户的实际需求。目前的常规做法是生产厂家在设计阶段就对新部件的可制造性进行检查。在产品制造的同时，对工业机器人系统进行编程，可提早开始生产产品，从而大量缩短新产品的上市时间。在实际工业机器人安装前，通过离线编程的可视化、可确认的解决方案及合理的布局降低风险，并且通过创建更加精确的路径获得更高的部件质量。RobotStudio 是 ABB 公司的工业机器人仿真软件，也是市场上离线编程的领先产品。为了实现真正的离线编程，RobotStudio 采用了 ABB 公司的 VirtualRobot 技术。通过新的编程方法，ABB 公司正在世界范围内建立机器人编程标准。

在 RobotStudio 中可以实现以下主要功能。

1. CAD 导入

RobotStudio 可轻松地以各种主要的 CAD 格式导入数据，包括 IGES、STEP、VRML、VDAFS、ACIS 和 CATIA。通过使用此类非常精确的 3D 模型数据，程序设计人员可以生成更为精确的工业机器人程序，从而提高产品质量。

2. 自动生成路径

通过使用待加工部件的三维模型，可在短短几分钟内自动生成跟踪曲线所需要的工业机器人路径。如果人工执行此项任务，则可能需要数小时或数天。

3. 自动分析功能

此功能可让操作者灵活移动工业机器人或工件，直至所有位置均可达到，甚至在短短几分钟内，就可完成验证和优化工作单元布局的工作。

4．碰撞检测

在 RobotStudio 中，可以对工业机器人在运动过程中是否可能与周边设备发生碰撞进行验证与确认，以确保离线编程得出程序的可用性。

5．在线作业

使用 RobotStudio 与真实的工业机器人进行连接、通信，对工业机器人进行监控、程序修改、参数设定、文件传送及备份恢复等操作，从而使调试与维护工作更轻松。

6．模拟仿真

根据设计要求，在 RobotStudio 中进行工业机器人工作站的动作模拟仿真，以及周期节拍仿真，从而为工程的实施提供真实的检验数据。

7．应用功能包

针对不同的应用推出功能强大的应用功能包，从而将工业机器人更好地与工艺应用进行有效融合。

8．二次开发

提供功能强大的二次开发平台，使工业机器人应用有更多实现的可能，可满足工业机器人的科研需要。

1.2　安装 RobotStudio

❶ 输入网址 www.robotstudio.com，打开如图 1-1 所示的页面。单击 Downloads 进入如图 1-2 所示的下载页面。

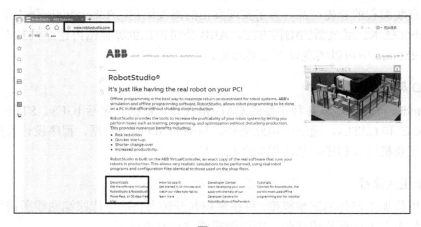

图 1-1

❷ 在合适的版本处单击即可直接下载，如图 1-2 所示。由于本书的任务是基于 RobotStudio 6.07.01 SP1 版本展开的，所以这里选中此版本。随着版本不断升级，会出现软件菜单有所变化的情况。

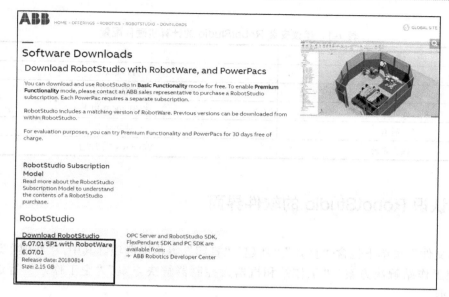

图 1-2

❸ 下载完成后即可得到 RobotStudio 文件夹。进入该文件夹，双击其中的 setup.exe（如图 1-3 所示）进入安装界面。可根据安装界面中的相应提示进行 RobotStudio 的安装。

名称	修改日期	类型	大小
ISSetupPrerequisites	2018/10/8 10:14	文件夹	
Utilities	2018/10/8 10:14	文件夹	
0x040a.ini	2014/10/1 16:41	配置设置	25 KB
0x040c.ini	2014/10/1 16:41	配置设置	26 KB
0x0407.ini	2014/10/1 16:40	配置设置	26 KB
0x0409.ini	2014/10/1 16:41	配置设置	22 KB
0x0410.ini	2014/10/1 16:41	配置设置	25 KB
0x0411.ini	2014/10/1 16:41	配置设置	15 KB
0x0804.ini	2014/10/1 16:44	配置设置	11 KB
1031.mst	2018/8/9 15:55	MST 文件	120 KB
1033.mst	2018/8/9 15:55	MST 文件	28 KB
1034.mst	2018/8/9 15:55	MST 文件	116 KB
1036.mst	2018/8/9 15:55	MST 文件	116 KB
1040.mst	2018/8/9 15:55	MST 文件	116 KB
1041.mst	2018/8/9 15:55	MST 文件	112 KB
2052.mst	2018/8/9 15:55	MST 文件	84 KB
ABB RobotStudio 6.07.01 SP1.msi	2018/8/9 15:55	Windows Install...	10,133 KB
Data1.cab	2018/8/9 16:14	快压 CAB 压缩文件	2,088,719...
Release Notes RobotStudio 6.07.01.S...	2018/8/9 19:37	PDF 文件	1,506 KB
Release Notes RW 6.07.01.pdf	2018/6/14 22:17	PDF 文件	131 KB
RobotStudio EULA.rtf	2018/5/8 22:58	RTF 文件	120 KB
setup.exe	2018/8/9 15:55	应用程序	1,677 KB
Setup.ini	2018/8/9 6:57	配置设置	7 KB

图 1-3

为了确保 RobotStudio 能够正确安装，请注意以下事项。

❶ 建议安装 RobotStudio 的计算机硬件配置如表 1-1 所示。

❷ 在安装时，最好关闭防火墙与杀毒软件。

表 1-1　建议安装 RobotStudio 的计算机硬件配置

硬　件	要　求
CPU	i5 或以上
内存	2GB 或以上
硬盘	空闲 20GB 以上
显卡	独立显卡
操作系统	Windows 7 或以上

1.3　认识 RobotStudio 的软件界面

在"文件"菜单下包含"打开""新建""打印"等常用选项。其中，"新建"选项下还包含"空工作站解决方案""工作站和机器人控制器解决方案""空工作站"等选项，如图 1-4 所示。

图 1-4

"基本"菜单包含"建立工作站""路径编程""设置""控制器"等控件，如图 1-5 所示。

图 1-5

"建模"菜单包含"创建""CAD 操作""测量""机械"等控件，如图 1-6 所示。

图 1-6

"仿真"菜单包含"碰撞监控""配置""仿真控制""监控""信号分析器""录制短片"等控件，如图 1-7 所示。

图 1-7

"控制器"菜单包含"进入""控制器工具""配置""虚拟控制器"等控件，如图 1-8 所示。

图 1-8

RAPID 菜单包含"进入""编辑""插入""查找""控制器""测试和调试"等控件，如图 1-9 所示。

图 1-9

Add-Ins 菜单包含 RobotWare、RobotApps 等控件，如图 1-10 所示。

图 1-10

在刚开始操作 RobotStudio 时，经常会遇到操作窗口被意外关闭，无法找到对应的操作对象和查看相关信息的情况，如图 1-11 所示。

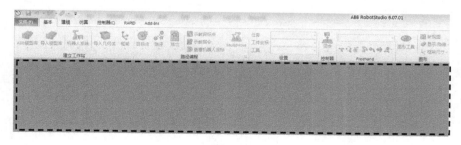

图 1-11

此时可执行"自定义快速工具栏"→"默认布局"选项，即可恢复默认的 RobotStudio 界面，如图 1-12 所示；也可执行"自定义快速工具栏"→"窗口"选项，并选中需要的窗口即可。

图 1-12

知识点练习

❶ 下载并安装 RobotStudio 仿真软件。

❷ 先关闭 RobotStudio 的默认界面，然后恢复 RobotStudio 的默认界面。

第 2 章

初步建立工业机器人仿真工作站

【学习目标】
- 掌握建立工业机器人工作站的步骤
- 学会在 RobotStudio 中创建工业机器人运动程序的方法
- 掌握录制仿真视频的方法

2.1 建立工业机器人工作站

下面让我们一起构建一个工业机器人工作站。

2.1.1 布局

首先，心里要想好建立一个什么样的工作站、工业机器人怎么摆放、周围都需要什么部件和设备等；在心里有了大致规划后才能开始动手操作。

例如，下面构思一个简单的工业机器人工作站，如图 2-1 所示。

2.1.2 导入工业机器人

将所规划的工作站需要的工业机器人模型导入工作站中，例如，导入 IRB1410 的操作步骤如下。

图 2-1

❶ 在 RobotStudio 界面中，选择"文件"→"新建"→"空工作站"，新建一个空工作站，如图 2-2 所示。

图 2-2

❷ 在新建的空工作站中，选择"基本"→"ABB 模型库"→IRB1410，如图 2-3 所示，即可将 IRB1410 导入空工作站中。工业机器人导入后的效果如图 2-4 所示。

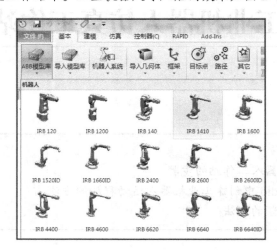

图 2-3

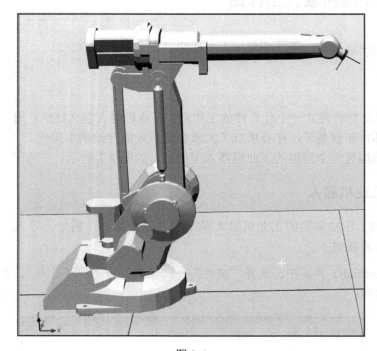

图 2-4

2.1.3　加载工业机器人的工具

导入工业机器人所用的工具，如焊枪（Pen），安装在工业机器人上，操作步骤如下：

❶ 选择"基本"→"导入模型库"→"设备"→Pen，如图 2-5 所示，即可将 Pen 工具添加到左侧的"布局"选项卡。

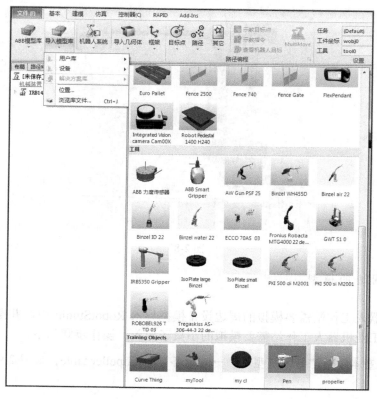

图 2-5

❷ 选中 Pen 工具不放，将其拖到 IRB1410_5_144_01 上，如图 2-6 所示。

❸ 此时将弹出"更新位置"对话框，如图 2-7 所示，单击"是"按钮。将 Pen 工具安装在工业机器人上的效果如图 2-8 所示。

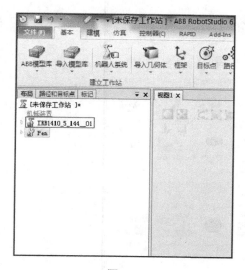

图 2-6

图 2-7

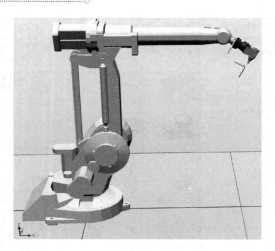

图 2-8

2.1.4　摆放周边的模型

将工业机器人工作站需要模拟的周边设备模型导入 RobotStudio 中，并摆放到需要的位置。例如，将工业机器人工作站需要模拟的小桌子导入，操作步骤如下：

❶ 选择"基本"→"导入模型库"→"设备"→propeller table，如图 2-9 所示，即可将小桌子导入。

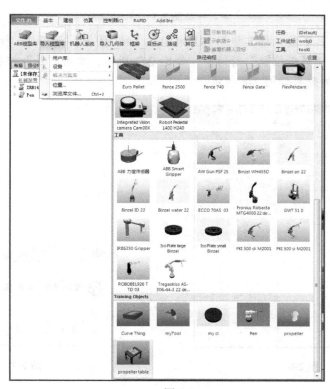

图 2-9

❷ 右键单击 IRB1410_5_144_01，在弹出的快捷菜单中选择"显示机器人工作区域"命令，如图 2-10 所示。

图 2-10

❸ 此时，如图 2-11 所示的白色区域即为工业机器人可到达的范围。工作对象应调整到工业机器人的最佳工作范围，这样才可以提高工作节拍并方便规划轨迹。若要移动小桌子，就要用到 Freehand 工具栏。在 Freehand 工具栏中，常用的"移动"工具和"旋转"工具的使用说明如图 2-12 和图 2-13 所示。

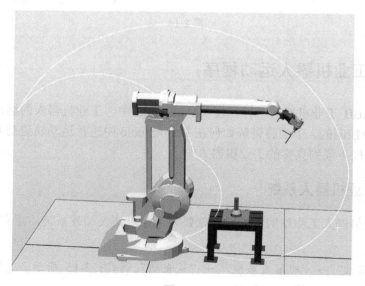

图 2-11

图 2-12　　　　　　　　　　　　　　　　　　图 2-13

❹　选中需要移动的物体,如现在的小桌子,并在 Freehand 工具栏中选中"移动"工具,此时会显示一个十字箭头,拖动十字箭头,使小桌子移到合适的位置即可,如图 2-14 所示。再次右键单击 IRB1410_5_144_01,在弹出的快捷菜单中选择"显示机器人工作区域"命令,即可取消工作区域的显示。

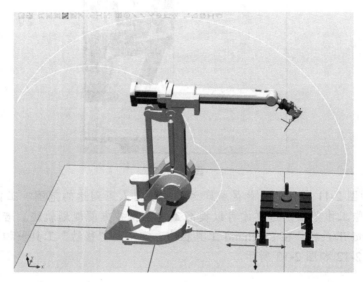

图 2-14

2.2　创建工业机器人运动程序

与真实的 ABB 工业机器人一样,在 RobotStudio 中,工业机器人的运动轨迹也是通过 RAPID 程序指令控制的。下面将讲解如何在 RobotStudio 中进行运动轨迹仿真。生成的运动轨迹仿真可以直接下载到真实的工业机器人中。

2.2.1　创建工业机器人系统

在完成工业机器人工作站的布局后,就要为工业机器人加载系统,建立虚拟的控制器,操作步骤如下。

❶　选择"基本"→"机器人系统"→"从布局",如图 2-15 所示。此时将弹出"从布局创建系统"对话框,如图 2-16 所示。

图 2-15

❷ 在图 2-16 中，设定好系统名称与系统版本后，单击"下一个"按钮（注：若只安装一个版本的系统，则可以只选择一个文件夹，例如，本教程只安装了 6.07.01.00 系统）。

❸ 此时将弹出如图 2-17 所示的对话框，单击"完成"按钮即可。

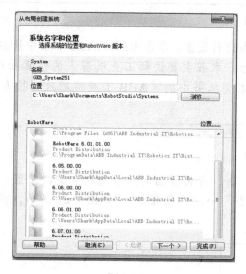

图 2-16

图 2-17

需要说明的是，在 RobotStudio 中有很多常用的调整工作站视图的快捷键：平移（Ctrl+鼠标左键）；旋转视角（Ctrl+Shift+鼠标左键/鼠标中键+鼠标右键）；缩放（Ctrl+鼠标中键）。

2.2.2　创建工业机器人运动轨迹

创建工业机器人运动轨迹的操作步骤如下：

❶ 选择"基本"→"路径"→"空路径"，如图 2-18 所示。此时即可生成一个空路径，例如，此处生成一个空路径 Path_10。

图 2-18

❷ 选择"基本"→"设置",可以根据需要设置"任务"选项、"工件坐标"选项、"工具"选项等。这里,我们主要将默认工具坐标系 tool0 切换成当前工具坐标系 Pen_TCP,从而将线性移动的基准更换为当前工具坐标系,如图 2-19 所示。

图 2-19

❸ 在开始编程之前,需要对运动指令及其参数进行设置。单击 RobotStudio 界面中状态栏对应的选项,并设置其参数即可,如图 2-20 所示。本书主要讲解工业机器人的仿真知识,如果对指令含义及参数有不明白之处,可参考本套丛书中的《ABB 工业机器人实操与应用技巧》。

MoveJ ▾ * v200 ▾ fine ▾ Pen_TCP ▾ \WObj:=wobj0 ▾

图 2-20

❹ 选择"基本"→Freehand→"手动关节" ，并将弹出的关节拖到合适的位置,以及调整到合适的姿态。选择"基本"→"路径编程"→"示教指令",如图 2-21 所示,将弹出 ABB RobotStudio 对话框,如图 2-22 所示。

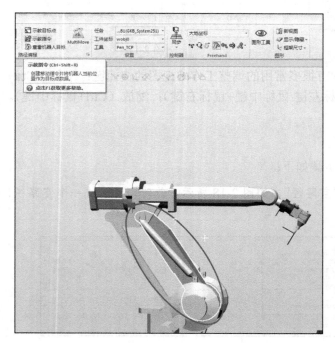

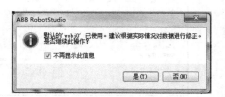

图 2-21   图 2-22

❺ 选中"不再显示此信息"复选框，单击"是"按钮，即可完成示教一个点的操作。

❻ 选择"基本"→Freehand→"手动线性" ，拖动工业机器人，使工具对准第一个角点。选择"基本"→"路径编程"→"示教指令"，如图 2-23 所示。小技巧：可在操作之前打开合适的捕捉工具，如"捕捉末端"工具 ，可提高操作速度，如图 2-24 所示。

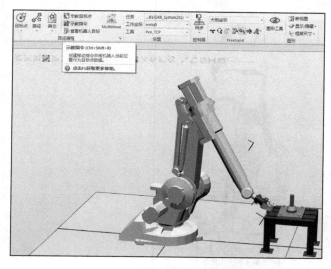

图 2-23

图 2-24

❼ 拖动工业机器人，使其工具末端对准第二个角点，选择"基本"→"路径编程"→"示教指令"，如图 2-25 所示。

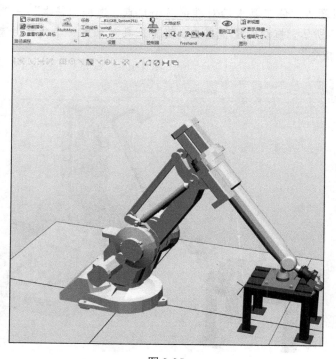

图 2-25

❽ 拖动工业机器人，使得工具末端对准第三个角点，选择"基本"→"路径编程"→"示教指令"，如图 2-26 所示。

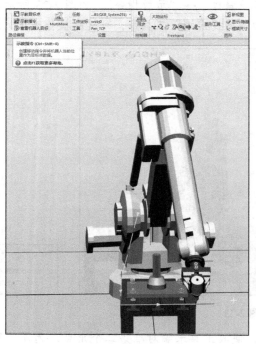

图 2-26

❾ 拖动工业机器人，使工具末端对准第四个角点，选择"基本"→"路径编程"→"示教指令"，如图 2-27 所示。拖动工业机器人，使得工具对准第一个角点，选择"基本"→"路径编程"→"示教指令"。

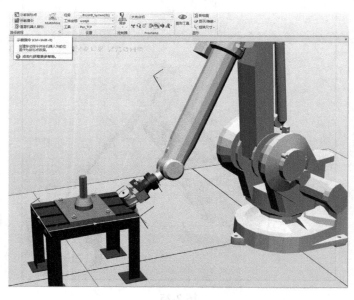

图 2-27

⑩ 为了使工业机器人移动得更加顺畅，并且避免遇到线性不好运动的点，可将指令模板中的线性运动 MoveL 更改成关节运动 MoveJ（如果在工作范围内，工业机器人的线性运动受限，则可能是因为仿真软件在开启捕捉功能后，容易使工业机器人的某些轴转动过大。如果明显出现在工作范围内拖不动工业机器人的情况，请用鼠标右键单击工业机器人，在弹出的快捷菜单中选择"回到机械原点"命令即可）。拖动工业机器人，离开小桌子到一个合适的位置。选择"基本"→"路径编程"→"示教指令"，如图 2-28 所示。

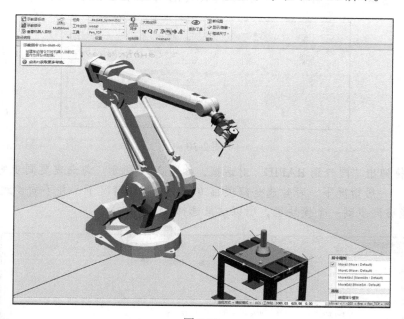

图 2-28

⑪ 切换到"路径和目标点"选项卡。右键单击 Path10，在弹出的快捷菜单中选择"自动配置"→"所有移动指令"命令，如图 2-29 所示，这时工业机器人将在规划路径上快速运动一遍。

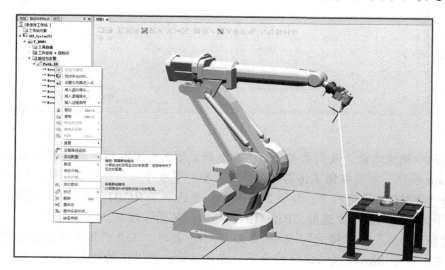

图 2-29

2.3 运行与录制仿真视频

2.3.1 设置工业机器人的运动轨迹

❶ 选择"基本"→"同步"→"同步到 RAPID",如图 2-30 所示。

图 2-30

❷ 此时将弹出"同步到 RAPID"对话框,如图 2-31 所示。勾选需要同步的项目,单击"确定"按钮。一般情况下,可勾选全部项目(注:在默认情况下,并不同步到 Module1 模块,但最好能够同步到一个模块里,所以这里选择 Module1)。

图 2-31

❸ 在同步完成之后,我们需要进行仿真运行。因为仿真运行的默认程序入口就是默认执行的 main 程序,所以在测试仿真时,需要调整一下程序入口。选择"仿真"→"仿真设定",弹出"仿真设定"选项卡,如图 2-32 所示。先选中 T_ROB1,然后在右侧的"T_ROB1 的设置"下的"进入点"中选择"Path_10",单击"关闭"按钮。

❹ 选择"仿真"→"播放",如图 2-33 所示,此时,工业机器人将按照之前设置的轨迹运动(注:由于 MoveJ 关节运动指令不沿直线运动,所以在遇到有 MoveJ 的轨迹时,会发生运动轨迹不在虚线上的情况)。

图 2-32

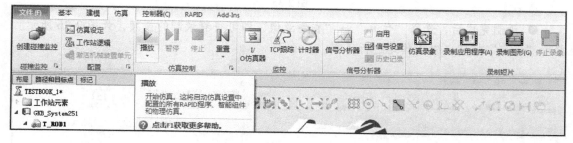

图 2-33

2.3.2　录制工业机器人的仿真过程

可将工作站中工业机器人的运动轨迹录制成视频，以便在没有 RobotStudio 的计算机中查看，操作过程如下。

❶ 选择"文件"→"选项"，弹出"选项"对话框，如图 2-34 所示。在该对话框中选中"屏幕录像机"，并对屏幕录像机的参数进行设置，单击"确定"按钮。

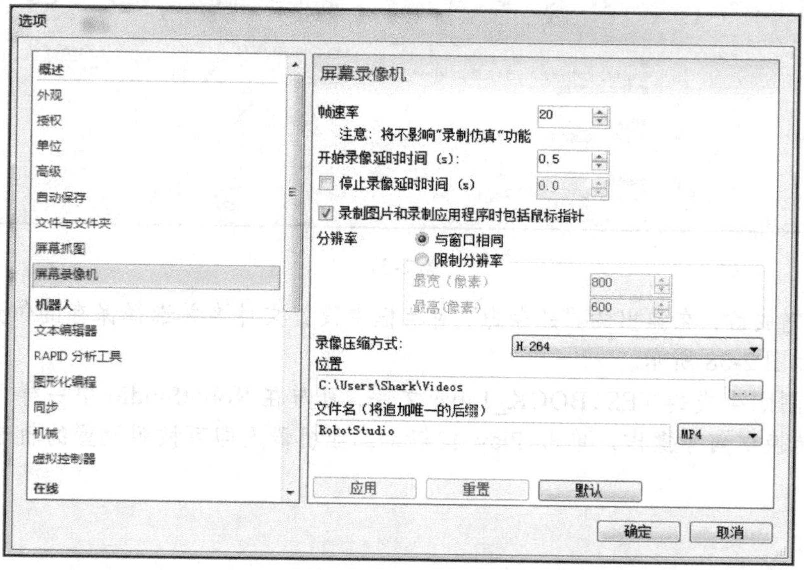

图 2-34

❷ 选择"仿真"→"仿真录像"（如图 2-35 所示），并选择"仿真"→"播放"，即可开始录制工业机器人的运动轨迹。

图 2-35

❸ 录制完成后，选择"仿真"→"查看录像"即可查看录制的视频，如图 2-36 所示。单击"保存"按钮，对工作站进行保存。

图 2-36

2.3.3 制作可执行文件

❶ 选择"仿真"→"播放"→"录制视图"，如图 2-37 所示，即可开始录制视图。

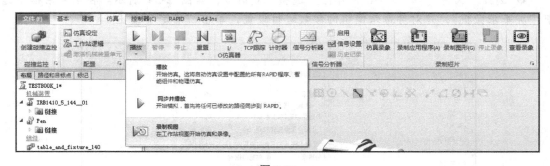

图 2-37

❷ 录制完成后，在弹出的"另存为"对话框中设置文件名并选择保存的位置，单击"保存"按钮，如图 2-38 所示。

❸ 打开刚刚生成的 TESTBOOK_1.exe 文件，可与在 RobotStudio 中一样，对其进行缩放、平移、转换视角等操作，单击 Play 按钮，工业机器人即可按照设置的轨迹运行，如图 2-39 所示。

图 2-38

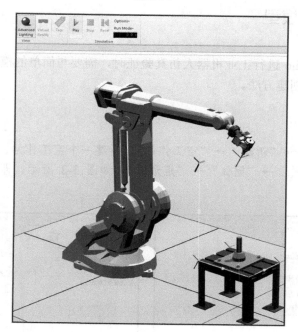

图 2-39

知识点练习

❶ 建立一个工业机器人工作站。

❷ 创建工业机器人的运动程序。

❸ 运行与录制仿真视频。

第 3 章

在仿真工作站中建模

【学习目标】
- 掌握在 RobotStudio 中创建简单模型的方法
- 掌握在 RobotStudio 中测量模型数值的方法
- 掌握安装外部工业机器人工具模型的方法

3.1 创建简单模型

当使用 RobotStudio 进行工业机器人仿真验证时，需要与简单的模型进行配合。下面通过几个简单模型学习创建方法。

3.1.1 矩形体

❶ 选择"文件"→"新建"→"空工作站"，新建一个空工作站，如图 3-1 所示。在空工作站中，选择"建模"→"固体"→"矩形体"，如图 3-2 所示，即可打开"创建方体"选项卡。

图 3-1

图 3-2

❷ 可以根据实际需求对矩形体的长度、宽度、高度进行调整，也可以根据实际情况对角点（表示以参考坐标系的 X、Y、Z 轴为基准移动多少毫米）和方向（表示以参考坐标系的 X、Y、Z 轴为基准旋转多少度）进行调整。将上述参数输入后可以预览模型，也可以根

据仿真的需要对预览大小进行调整,如图 3-3 所示。单击"创建"按钮。

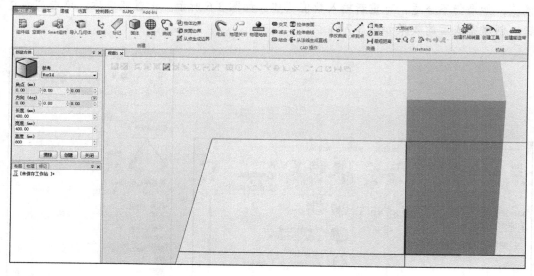

图 3-3

❸ 创建完成后,如果矩形体的位置不合适或者不易计算角点的位置,则可以利用"移动"工具🔧或"旋转"工具🔧拖动矩形体到达合适的位置,如图 3-4 所示。

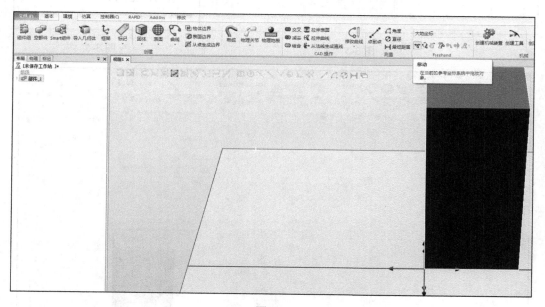

图 3-4

3.1.2 圆锥体

❶ 在矩形体创建完成后,选择"建模"→"固体"→"圆锥体",如图 3-5 所示,即可创建一个圆锥体。

❷ 为了使圆锥体与矩形体的距离合适，需要对圆锥体的位置进行调整。调整后可以进行预览，如果仍不合适，可重新输入数值调整，如图 3-6 所示。设置完成后，单击"创建"按钮。创建完成后的效果如图 3-7 所示。

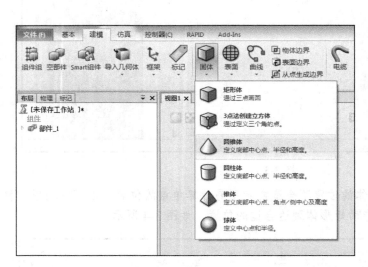

图 3-5

图 3-6

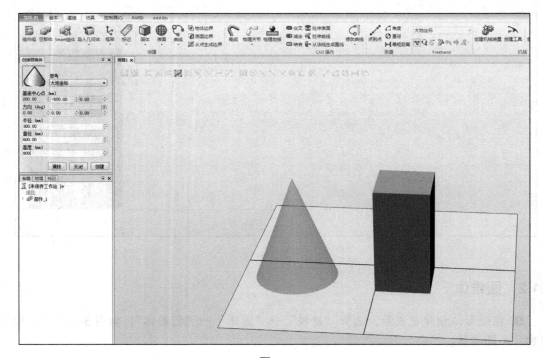

图 3-7

其他几种固体的创建方法与此类似，这里不再赘述。

知识拓展：为模型添加颜色

模型的默认颜色都是一样的。若模型创建过多，就会产生分不清、观察困难的情况。这时可以通过为模型设置不同的颜色区分它们。

❶ 右键单击需要更改颜色的部件，例如，这里选择"部件_1"，在弹出的快捷菜单中选择"修改"→"设定颜色"命令，如图 3-8 所示。

❷ 此时会弹出"颜色"对话框，选择合适的颜色后单击"确定"按钮即可，如图 3-9 所示。

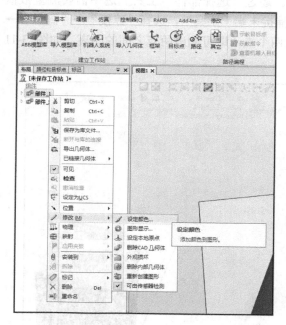

图 3-8

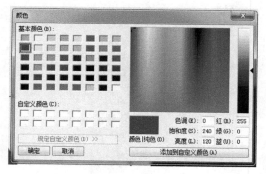

图 3-9

❸ 按照相同的方法修改圆锥体的颜色，最终的修改效果如图 3-10 所示。这样设置后两个模型就能进行明显区分了。

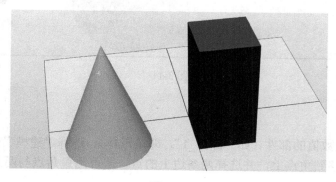

图 3-10

3.2 测量模型的数值

有时在建立模型后，会忘记模型的数值，例如，矩形体的长、宽、高等。这时可以用测量工具测量两点之间的距离、角度、直径、最短距离等模型的数值，从而快速取得需要的参数。

3.2.1 两点之间的距离

"点到点"命令用于测量两点之间的距离。通过"选择部件"工具选中需要测量数值的部件（如"部件_1"，即矩形体），并选中"捕捉末端"工具，选择"建模"→"测量"→"点到点"，此时将鼠标移到矩形体上，再选取两个点，即可测出两点之间的距离，如图 3-11 所示。

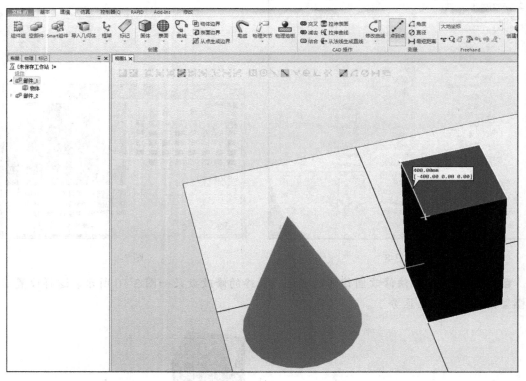

图 3-11

3.2.2 角度

选中需要测量数值的部件（如"部件_1"，即矩形体），选择"建模"→"测量"→"角度"，此时将鼠标移到角点上，并选择两条边上的点，即可测量角点与两条边所呈角度，如图 3-12 所示。

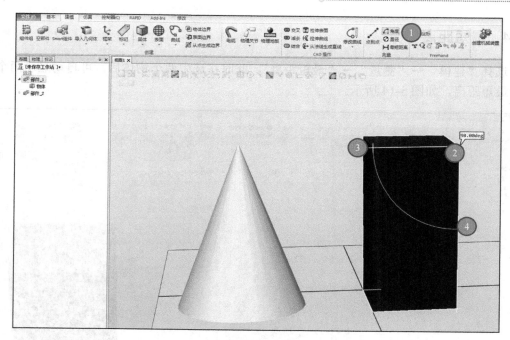

图 3-12

3.2.3 直径

选中需要测量数值的部件（如"部件_2"，即圆锥体），选择"建模"→"测量"→"直径"，以及选中"捕捉边缘"工具 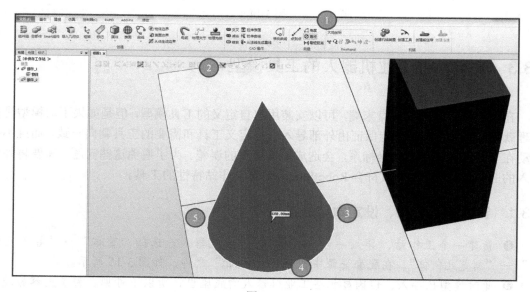，并在圆上选择三个点，即可显示该圆的直径，如图 3-13 所示。

图 3-13

3.2.4 最短距离

选择"建模"→"测量"→"最短距离",此时在选中两个物体后,可自动显示两个物体的最短距离,如图 3-14 所示。

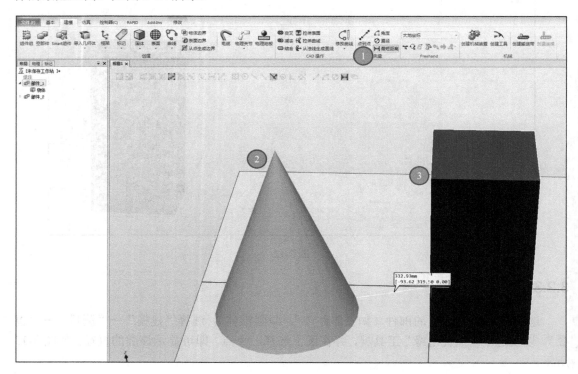

图 3-14

3.3 安装外部工业机器人的工具模型

在工业机器人的法兰盘末端,可以安装用户自定义的工具模型,但是如果不对模型进行处理就直接安装,不仅不能保证由外部导入的自定义工具和需要的工具朝向一致,而且不会自动在工具末端生成工具坐标系,会造成工具仿真的误差。为了避免这些问题,需要将外部导入的 3D 工具模型创建成符合 RobotStudio 仿真工作站特性的工具。

3.3.1 调整工具姿态、设定本地原点

❶ 新建一个工作站,导入一台 IRB1410 工业机器人。选择"基本"→"导入几何体"→"浏览几何体",在配套资源中找到"吸盘.sat"文件,如图 3-15 所示。

❷ 此时模型已导入,但因显示在工业机器人的底座里,所以不可见。为了更容易地观看与操作,应将工业机器人隐藏起来,即右键单击 IRB1410_5_144_01,在弹出的快捷菜单中取消勾选"可见",如图 3-16 所示。

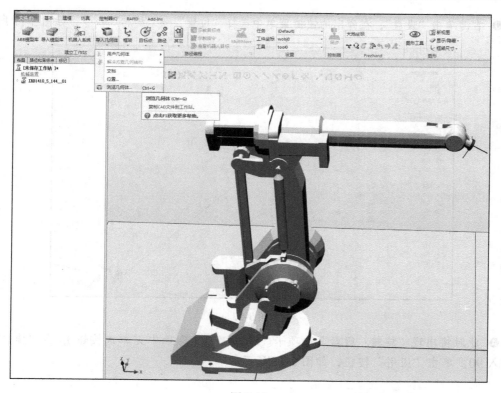

图 3-15

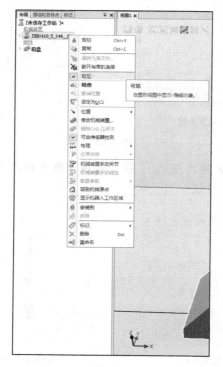

图 3-16

❸ 右键单击"吸盘"，在弹出的快捷菜单中选择"位置"→"旋转"命令，如图 3-17 所示。

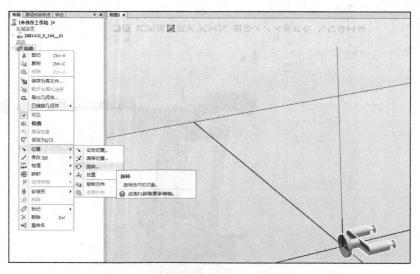

图 3-17

❹ 此时将出现"旋转：吸盘"选项卡。选择 X 轴（即选中 X 单选按钮），在"旋转"框中输入 90，单击"应用"按钮，如图 3-18 所示。

（a）设置参数

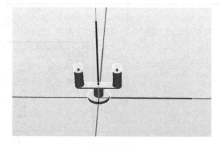

（b）设置效果

图 3-18

❺ 选择 Z 轴（即选中 Z 单选按钮），在"旋转"框中输入 90，单击"应用"按钮，如图 3-19 所示。单击"关闭"按钮。

（a）设置参数

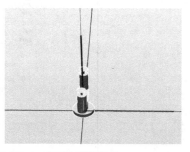

（b）设置效果

图 3-19

❻ 将视角调到吸盘底部,选择"捕捉中心"工具◎,如图 3-20 所示。

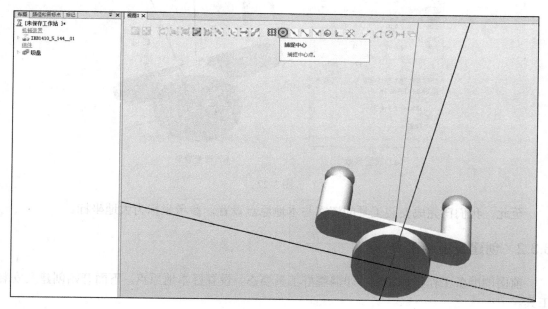

图 3-20

❼ 右键单击"吸盘",在弹出的快捷菜单中选择"修改"→"设定本地原点"命令,如图 3-21 所示。

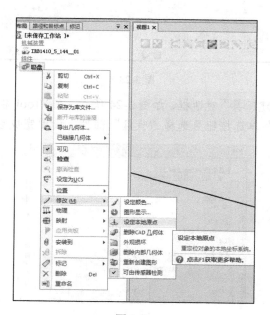

图 3-21

❽ 此时将显示如图 3-22 所示的"设置本地原点:吸盘"选项卡,将里面的数值全部设为 0,单击"应用"按钮。

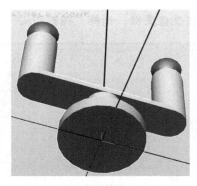

（a）设置参数　　　　　　　　　　（b）设置效果

图 3-22

至此，我们已完成安装工具的姿态与本地原点设置，参考坐标为大地坐标。

3.3.2　创建及安装工具

前面的准备工作已经完成，即调整好工具姿态、设置好本地原点。下面开始创建及安装工具。

❶ 选择"建模"→"创建工具"，如图 3-23 所示。

图 3-23

❷ 此时将弹出"创建工具"对话框，如图 3-24 所示。在"Tool 名称"中输入 GKB_Tool；选中"使用已有的部件"单选按钮且选择"吸盘"部件。设置完成后单击"下一个"按钮。

图 3-24

❸ 此时将弹出如图 3-25 所示的对话框。单击"位置"下的数值框（标识为①），让光标在数值框中闪动。将鼠标放到其中一个吸盘的边缘（标识为②），单击鼠标左键捕捉其中心（"捕捉中心"工具已在之前选中，如果误选成其他捕捉工具，则请切换至"捕捉中心"

工具）。这时在标识为①的数值框中会显示该中心的位置，如图 3-26 所示。这个位置是吸盘中心相对于大地坐标系原点的位置。由于吸盘工具的坐标系位于两个吸盘的上表面中心连接的中心位置（标识为③），所以还需要调整数值框中的值。

❹ 将图 3-26 中标识为④的数值更改成 0（只需要工具坐标系相对于大地坐标系 Z 轴的偏移）。单击向右的箭头，添加完成后单击"完成"按钮，如图 3-27 所示。至此，创建好一个吸盘工具，如图 3-28 所示。

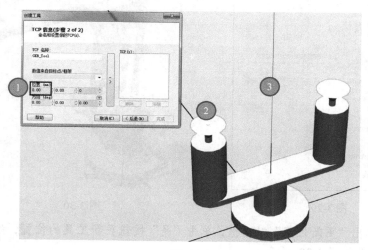

图 3-25

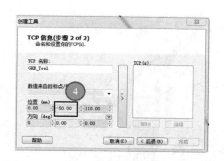

图 3-26

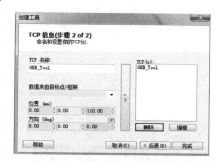

图 3-27

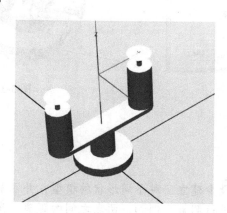

图 3-28

❺ 下面准备安装工具。将工业机器人设置为可见，即右键单击 IRB1410_5_144_01，在弹出的快捷菜单中勾选"可见"，如图 3-29 所示。将创建的吸盘工具拖到工业机器人上，如图 3-30 所示。

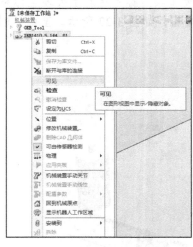

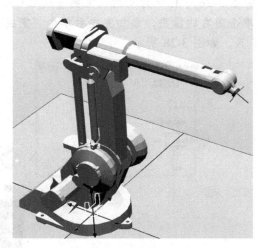

图 3-29　　　　　　　　　　　　　　　　图 3-30

❻ 此时将弹出"更新位置"对话框，单击"是"按钮更新工具的位置，如图 3-31 所示。设置完成后的效果如图 3-32 所示。

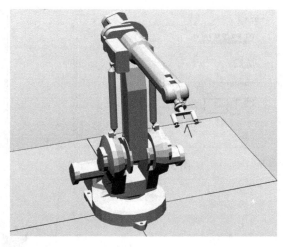

图 3-31　　　　　　　　　　　　　　　　图 3-32

知识点练习

❶ 创建一个工作站，最少建立三种不同形状的模型，并添加颜色。

❷ 对创建模型的数值进行测量，例如，两点之间的距离、角度、直径、最短距离等。

❸ 执行一遍创建及安装工具的步骤。

第 4 章

ABB 工业机器人离线编程

【学习目标】
- 掌握创建工业机器人离线轨迹的方法
- 掌握调整工业机器人姿态的方法
- 掌握调整轴配置参数并同步仿真运行的方法
- 掌握碰撞监控与 TCP 跟踪的方法

在工业机器人离线编程的过程中，经常需要处理一些不规则曲线。通常的做法是根据工艺精度的要求示教相应的目标点，并生成工业机器人的轨迹。但这种方法很浪费时间，尤其是在任务复杂、精度要求高时。RobotStudio 可以将 3D 模型的曲线特征自动转换成工业机器人的运动轨迹。这种方法省时、省力，并且只要模型精准，轨迹的精度也能得到保证。下面就来学习 ABB 工业机器人离线编程的基本方法。

4.1 创建工业机器人离线轨迹

❶ 选择"文件"→"新建"→"空工作站"，新建一个空工作站，如图 4-1 所示。

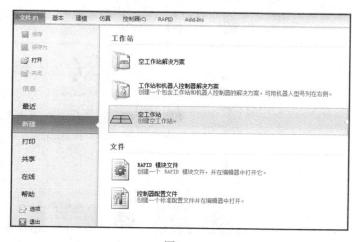

图 4-1

❷ 选择"基本"→"ABB 模型库"→IRB120，如图 4-2 所示。此时将弹出 IRB120 对

话框，如图 4-3 所示。单击"确定"按钮即可导入 IRB120 工业机器人。

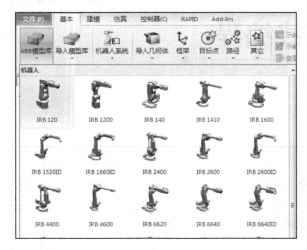

图 4-2   图 4-3

❸ 选择"基本"→"导入模型库"→"设备"→Pen，如图 4-4 所示。将 Pen 选项拖至
IRB120 上，如图 4-5 所示。在弹出的"更新位置"对话框中单击"是"按钮，如图 4-6 所示。

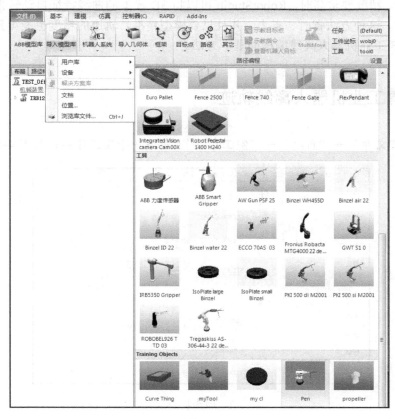

图 4-4

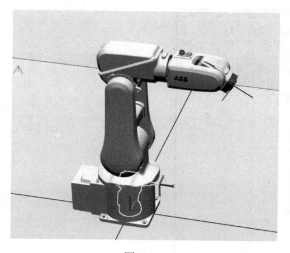
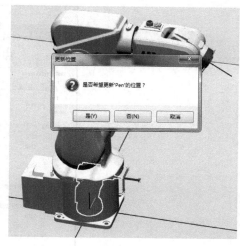

图 4-5　　　　　　　　　　　　　　　　　　　图 4-6

❹ 选择"基本"→"导入几何体"→"浏览几何体"，弹出"浏览几何体"对话框。在该对话框中找到并选中"轨迹编程台.sat"文件，单击"打开"按钮，如图 4-7 所示。

图 4-7

❺ 右键单击 IRB120_3_58_01，在弹出的快捷菜单中选择"显示机器人工作区域"命令，如图 4-8 所示。

❻ 单击"移动"工具 ，选中"轨迹编程台"，使之整体变为蓝色，并移动轨迹编程台到合适的位置（需要在工业机器人的工作范围内移动，即白线内部）。在移动完成后，取消勾选"2D 轮廓"复选框，单击"关闭"按钮，如图 4-9 所示。

图 4-8

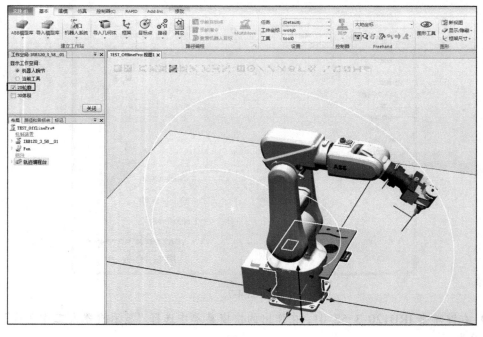

图 4-9

❼ 选择"基本"→"机器人系统"→"从布局",弹出"从布局创建系统"对话框。在该对话框中选中 6.07.01.00 文件,单击"下一个"按钮,如图 4-10 所示。在弹出的对话框中,继续单击"下一个"按钮,直至弹出如图 4-11 所示的对话框,单击"完成"按钮即可完成

工业机器人的系统创建。

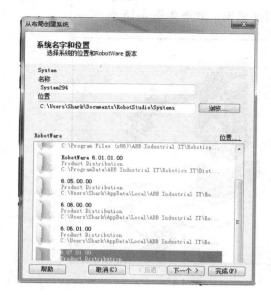

图 4-10

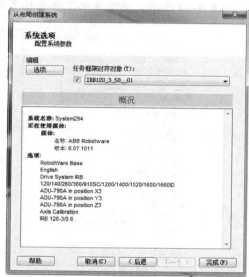

图 4-11

❽ 选择"基本"→"其他"→"创建工件坐标",此时将显示"创建工件坐标"选项卡,如图 4-12 所示。选中"捕捉末端"工具 ,将工件坐标系的名称更改为 wobj_GKB01。单击"工件坐标框架"下的"取点创建框架",在弹出的下拉框中选中"三点"单选按钮。依次用鼠标捕捉三个点(如图中 所示),且三个点的数值会自动填入"X 轴上的第一个点"列表框、"X 轴上的第二个点"列表框、"Y 轴上的点"列表框,如图 4-13 所示。

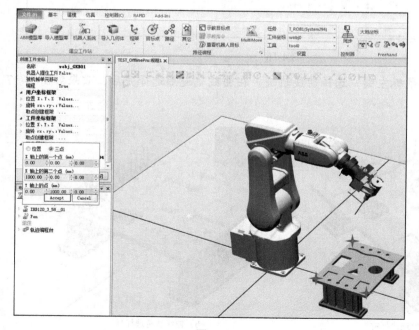

图 4-12

图 4-13

❾ 在确认数值无误后，单击 Accept 按钮。在"创建工件坐标"选项卡中单击"创建"按钮，如图 4-14 所示。此时新的工件坐标系创建完成，效果如图 4-15 所示。

图 4-14

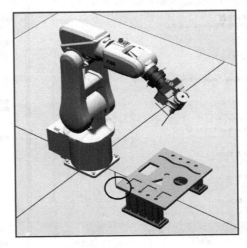

图 4-15

❿ 选择"基本"→"设置"，将上方的"工具"设置为 Pen_TCP。选择"基本"→"路径"→"自动路径"，如图 4-16 所示。此时将出现"自动路径"选项卡。

图 4-16

⓫ 按住 Shift 键和鼠标左键，选择曲线轨迹。在曲线轨迹都选择完后，效果如图 4-17 所示。

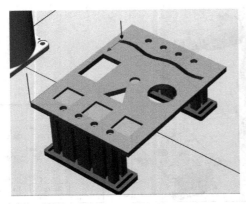

（a）曲线轨迹选择前

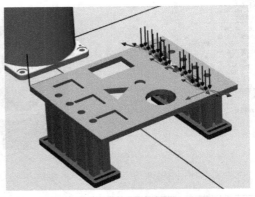

（b）曲线轨迹选择后

图 4-17

⓬ 在 "自动路径" 选项卡中，设置 "近似值参数" 中的 "最小距离" 与 "最大半径"，在 "公差" 输入框中输入 1，如图 4-18 所示。在右下角的状态栏中，将区域数据设置成 fine（轨迹更精确），如图 4-19 所示。单击图 4-18 中的 "创建" 按钮即可完成工业机器人离线轨迹的创建，效果如图 4-20 所示。

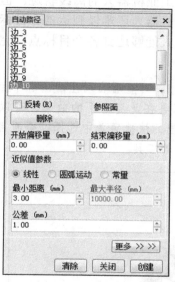

图 4-18

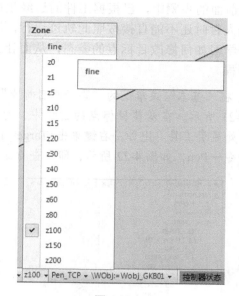

图 4-19

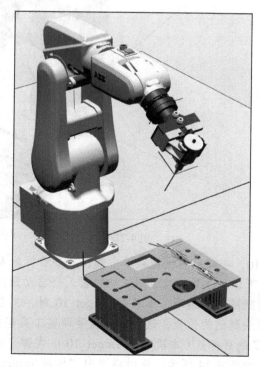

图 4-20

4.2 调整工业机器人姿态

在前面的步骤中，已根据工件的边缘生成了一条工业机器人的离线轨迹。但是，工业机器人暂时还不能直接按照此轨迹运行，因为工业机器人还难以到达部分目标点。下面就来学习如何修改目标点的姿态，从而让工业机器人能够达到各个目标点，完成离线轨迹编程。

❶ 在"基本"菜单下的"路径和目标点"选项卡中，可查看自动生成的各个目标点，如图 4-21 所示。在调整目标点的过程中，为了查看工具在此姿态下的效果，可以在各个目标点处显示工具。比如，右键单击 Target_10，在弹出的快捷菜单中选择"查看目标处工具"命令→Pen，如图 4-22 所示，即可查看此目标点处的工具。

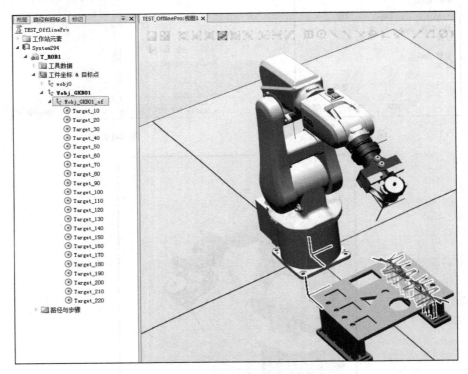

图 4-21

❷ 右键单击 Target_10，在弹出的快捷菜单中选择"查看机器人目标"命令，如图 4-23所示。在正常情况下，若可以到达目标点，则工业机器人会自动跟随工具运动。若单击某个目标点，工业机器人没有跟随工具运动，如单击 Target_10 时，工业机器人没有跟随，则此工具姿态为工业机器人无法到达的位置，这时候就需要调整工具姿态了。

❸ 右键单击到达不了的目标点（本次选择 Target_10），在弹出的快捷菜单中选择"修改目标"→"旋转"命令，如图 4-24 所示。此时将弹出"旋转 Target_10"选项卡，如图 4-25所示。

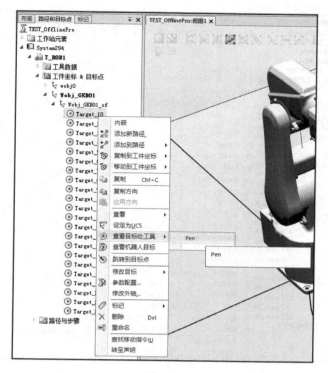

图 4-22

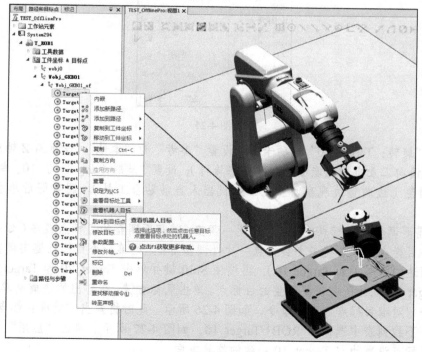

图 4-23

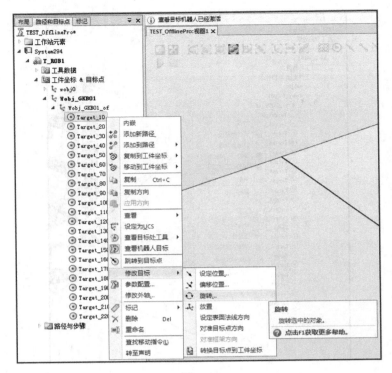

图 4-24

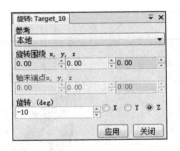

图 4-25

❹ 在"旋转：Target_10"选项卡中，设置"参考"为"本地"；设置沿 Z 轴旋转（如有其他需求，请向工业机器人能够达到的姿态旋转）；设置"旋转（deg）"为−10。单击"应用"按钮进行调整（边调整边观察，直至工业机器人自动贴合工具）。调整好后单击"关闭"按钮。

❺ 若需要调整的目标点较少，则可逐一调整；若需要调整的目标点较多（如全部调整），则可用对齐目标点的方法将多个目标点一次性调整好：先把第一个目标点姿态调整到工业机器人可以到达的姿态（如 Target_10），再按住 Shift 键并单击 Target_20 和 Target_220，即可选中除 Target_10 以外所有需要调整的目标点。单击鼠标右键，在弹出的快捷菜单中选择"修改目标"→"对准目标点方向"命令，如图 4-26 所示。此时将弹出"对准目标点"选项卡，在"参考"下拉列表中选择 T_ROB1/Target_10，如图 4-27 所示。单击"应用"按钮，即可将待调整目标点设置为与 Target_10 一致的旋转方向。

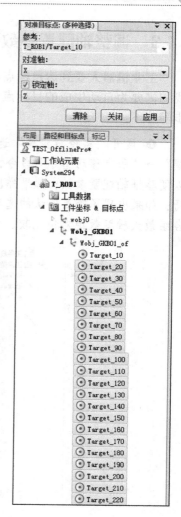

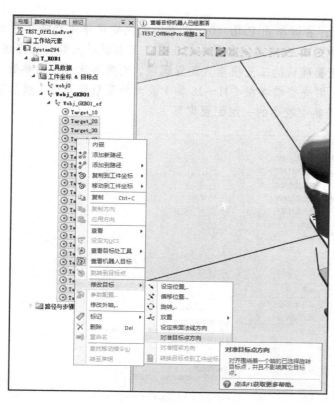

图 4-26

图 4-27

❻ 再次验证工业机器人是否能够达到全部目标点。如果还有目标点到达不了，则需要再次调整工业机器人的姿态。调整前后的对比如图 4-28 所示。

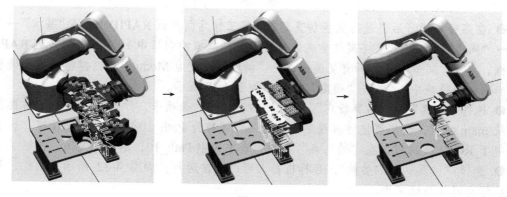

图 4-28

4.3　调整轴配置参数并同步仿真运行

工业机器人要到达目标点，可能存在多种关节旋转组合的选择，即多个轴配置参数。我们需要为自动生成的目标点调整轴配置参数。以 Path_10 为例，调整轴配置参数的操作步骤如下：

❶ 展开"路径与步骤"选项，右键单击 Path_10，在弹出的快捷菜单中选择"自动配置"→"所有移动指令"命令，如图 4-29 所示。如果一切正常，工业机器人就会直接运行，以便验证轴配置参数；如果弹出需要确认的工业机器人配置选项，则需要选择一组参数（技巧：如果出现了需要确认的选项，则先查看各组（J1～J6 轴）最大轴度数绝对值，然后进行各组最大轴度数绝对值比较，选择其中较小的一组配置即可）。

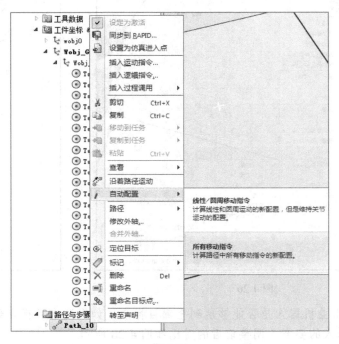

图 4-29

❷ 在路径编辑好后将进行同步仿真运行。将工作站同步到 RAPID，选择"基本"→"同步"→"同步到 RAPID"（将离线生成的轨迹同步到虚拟控制器中），弹出"同步到 RAPID"对话框。勾选"同步"列的所有复选框，将"模块"列设为 Module1（这样就能将数据与程序同步到一个模块中），单击"确定"按钮，如图 4-30 所示。

❸ 选择"仿真"→"仿真设定"，弹出"仿真设定"选项卡，如图 4-31 所示（仿真程序默认从 main 执行，我们要把仿真程序的执行入口调整为 Path_10）。在"仿真设定"选项卡中选中 T_ROB1 复选框，在"进入点"下拉列表中选中 Path_10，单击"关闭"按钮。

❹ 选择"仿真"→"播放"，目标机器人可以正常运行，如图 4-32 所示。到此，离线轨迹已经生成并验证完毕。

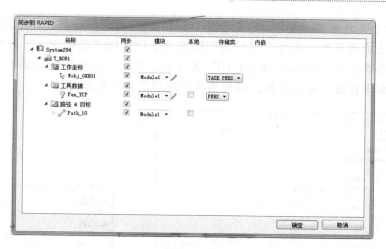

图 4-30

图 4-31

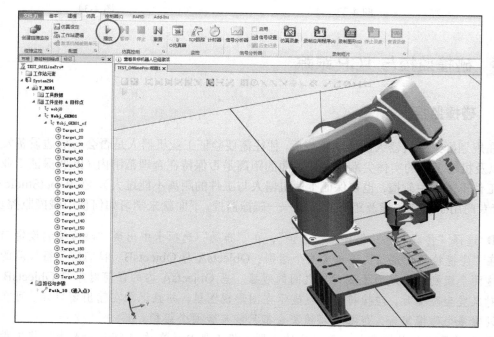

图 4-32

❺ 如果对轨迹还有其他要求，则可通过"编辑指令"更改指令参数。比如，展开 Path_10 路径，右键单击需要更改的指令，在弹出的快捷菜单中选择"编辑指令"命令，如图 4-33 所示，弹出"编辑指令：MoveL Target_10"选项卡，在其中更改指令参数即可，如图 4-34 所示。注意：如果修改了指令参数，则需要再次进行同步仿真运行。

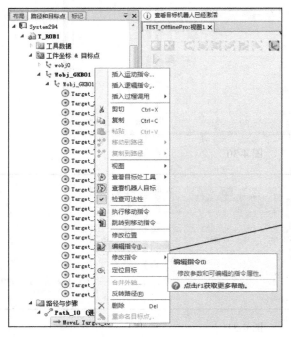

图 4-33

图 4-34

4.4 碰撞监控与 TCP 跟踪

4.4.1 碰撞监控

在规划好工业机器人的运动轨迹后，往往需要验证工业机器人是否会与周边设备发生碰撞，以及机器工具的实体尖端与工件表面的距离是否保持在合理范围内（既要保证工业机器人与工件不能发生碰撞，也要保证工业机器人与工件的距离不能过大）。在 RobotStudio 软件中，有专门用于检测碰撞及距离的功能——碰撞监控。下面就来学习如何使用碰撞监控功能。

❶ 选择"仿真"→"创建碰撞监控"，在"布局"选项卡中出现"碰撞检测设定_1"选项。在"碰撞检测设定_1"下包含两个组别：ObjectsA 与 ObjectsB。我们需要将检测的对象放入这两个组别中，从而检测对象之间的碰撞。当 ObjectsA 内的任何对象与 ObjectsB 内的任何对象发生碰撞时，碰撞将会直观显示在图形视图里，并且记录在输出窗口内。可在工作站内设置多个碰撞集合，但每个碰撞集合都只能包含两个组别。

❷ 将需要检测的对象拖放到对应的组别：将工具 Pen 拖放到 ObjectsA 中，将工件"轨

迹编程台"拖放到 ObjectsB 中，如图 4-35 所示。

图 4-35

❸ 右键单击"碰撞检测设定_1"，在弹出的快捷菜单中选择"修改碰撞监控"命令，如图 4-36 所示。此时将弹出"修改碰撞设置：碰撞检测设定_1"选项卡，如图 4-37 所示。注意：若两组对象之间的距离小于"接近丢失"数值框中的数字，则使用设置的"接近丢失颜色"进行提示。若两组对象之间发生了碰撞，则使用设置的"碰撞颜色"进行提示。

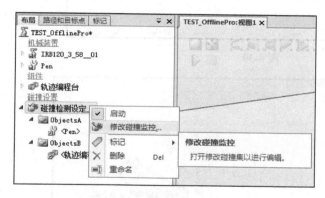

图 4-36

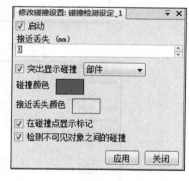

图 4-37

❹ 此时暂不设置"接近丢失"中的数值，"碰撞颜色"的默认值为红色。手动拖动工业机器人工具与工件发生碰撞，以便查看碰撞监控的效果：选择"基本"→Freehand→"手动线性"，如图 4-38 所示。单击工业机器人工具末端，在出现可拖动箭头后，拖动其与工件发生接触。我们可发现：随着碰撞的发生，工业机器人的工具末端和工件的颜色发生改变，并且在下方的"控制器状态"选项卡中显示出了相关的碰撞信息，如图 4-39 所示。

图 4-38

❺ 在查看碰撞监控效果后，开始设置"接近丢失"数值框。在"接近丢失"数值框中输入 4（单位：mm），单击"应用"按钮。利用"手动线性"工具将工业机器人的工具拉起，离开接触的工件并进行仿真：若工业机器人的工具未与工件发生碰撞，并且工具坐标系

原点距工件 4mm 以内，则显示设置的"接近丢失颜色"；若工业机器人的工具与工件发生碰撞，则显示设置的"碰撞颜色"。当显示如图 4-40 所示的颜色时，说明工业机器人的工具，既未与工件的距离超过 4mm，又未与工件发生碰撞。

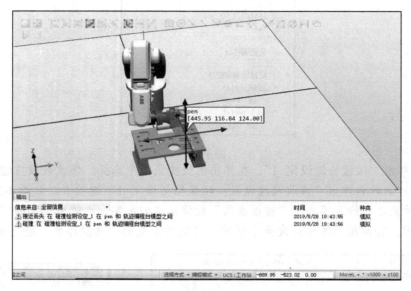

图 4-39

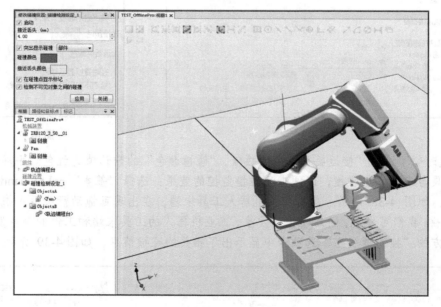

图 4-40

4.4.2 TCP 跟踪

在工业机器人的运行过程中，可以监控 TCP 的运行轨迹及运行速度。为了观察得更清晰，我们将关闭可能干扰视线的碰撞监控路径，并隐藏目标点。

❶ 在"修改碰撞设置：碰撞检测设定_1"选项卡中，取消勾选"启动"复选框，单击"应用"按钮。选择"基本"→"显示隐藏"→"全部目标点框架"，如图 4-41 所示。

图 4-41

❷ 选择"仿真"→"TCP 跟踪"，弹出"TCP 跟踪"选项卡。勾选"启用 TCP 跟踪"复选框，将"基础色"更改成红色，单击"播放"按钮。此时路径已跟踪，效果如图 4-42 所示。如果想清除 TCP 轨迹，可直接单击"清除 TCP 轨迹"按钮。

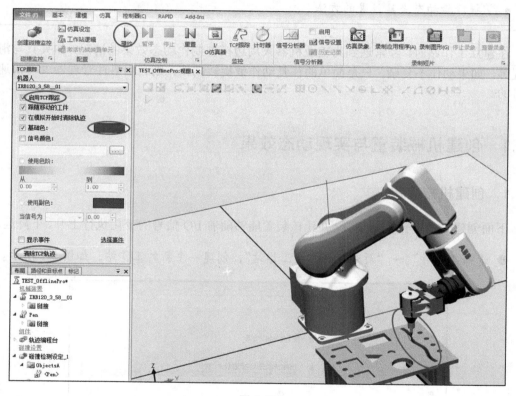

图 4-42

知识点练习

❶ 建立简单模型，并在模型上创建离线轨迹。

❷ 在生成离线轨迹后，根据实际情况调整目标点与轴配置参数。

❸ 添加碰撞监控与 TCP 跟踪。

第 5 章

初识事件管理器

在建立工作站时，经常遇到为工业机器人周边模型制作动态效果的情况，如夹具与滑动装置等。如果动作不复杂，只是简单的往复动作或旋转动作，则利用事件管理器就可快速达到目的。

5.1 创建机械装置与实现动态效果

5.1.1 创建机械装置

下面创建一个滑台机械装置，并让该装置能够随着 I/O 信号的变化执行上升、下降运动。

❶ 选择"文件"→"新建"→"空工作站"，创建一个新的工作站，如图 5-1 所示。

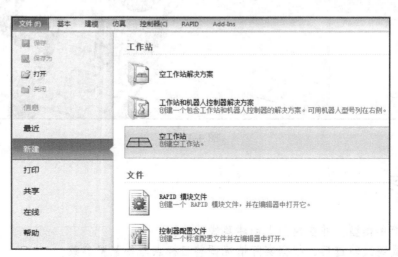

图 5-1

❷ 选择"建模"→"固体"→"圆柱体"（如图 5-2 所示），此时将弹出"创建圆柱体"选项卡。创建一个半径为 150mm、高度为 600mm 的圆柱体（部件_1），参数设置及效果如图 5-3 所示。

图 5-2

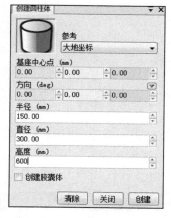

（a）参数设置

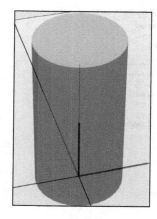

（b）效果

图 5-3

❸ 如果对圆柱体的颜色不满意，可以修改圆柱体颜色：在"部件_1"上单击鼠标右键，在弹出的快捷菜单中选择"修改"→"设定颜色"命令，弹出"颜色"对话框，如图 5-4 所示。选中其中的黄色，单击"确定"按钮。

❹ 再次创建一个圆柱体（部件_2）：半径为 200mm，高度为 150mm。为了便于区分两个圆柱体，可修改当前创建的圆柱体颜色，即在"部件_2"上单击鼠标右键，在弹出的快捷菜单中选择"修改"→"设定颜色"命令，弹出"颜色"对话框。选中其中的红色，单击"确定"按钮，如图 5-5 所示。

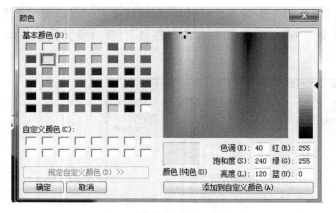

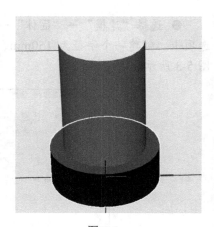

图 5-4　　　　　　　　　　　　　　　　　　　　图 5-5

❺ 选择"建模"→"创建机械装置",弹出"创建机械装置"选项卡,如图 5-6 所示:将"机械装置模型名称"更改成自己喜欢的名字;将"机械装置类型"设为"设备";双击"链接"添加链接,此时将弹出"创建链接"对话框。在"创建链接"对话框中,设置"链接名称"选项;在"所选组件"中选择"部件_1";勾选"设置为 BaseLink"复选框;单击向右的箭头将左侧的设置添加到右侧的列表框中;单击"应用"按钮,如图 5-7 所示。

图 5-6　　　　　　　　　　　　　　　　　　　图 5-7

❻ 再次双击"链接"添加链接，此时将弹出"创建链接"对话框：设置"链接名称"选项；在"所选组件"中选择"部件_2"；单击向右的箭头将左侧的设置添加到右侧的列表框中；单击"应用"按钮，如图 5-8 所示。

❼ 在"创建机械装置"选项卡中，双击"接点"，弹出"创建接点"对话框：在"关节名称"中为关节命名；设置"关节类型"为"往复的"（由于本例滑台是上下运动的，所以将"关节类型"设为"往复的"）；设置"第二个位置"的第三个数值框为 1（第一个数值框为 X 轴的数值，第二个数值框为 Y 轴的数值，第三个数值框为 Z 轴的数值，第一个数值框的值与第二个数值框的值决定了部件的运动方向，但不能决定运动距离）；设置"最大限值"为 580mm（表示"部件_2"向上运动的最大限值）；单击"应用"按钮，如图 5-9 所示。

图 5-8

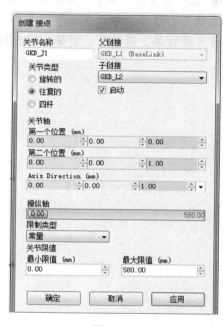

图 5-9

❽ 单击"创建机械装置"选项卡下方的"编译机械装置"按钮，此时将出现"姿态"选项组，单击其中的"添加"按钮，弹出"创建姿态"对话框，如图 5-10 所示：设置"姿态名称"为 UP；拖动"关节值"下的滑块到运动最大位置，也就是 580mm 处；单击"应用"按钮。

❾ 再次创建姿态，在图 5-11 中，设置"姿态名称"为 DOWN；拖动"关节值"下的滑块到运动最小位置，即 0 的位置，单击"确定"按钮。

❿ 为了使机械装置更真实（实际的机械装置有运动时间），可单击"设置转换时间"按钮，此时将弹出"设置转换时间"对话框。设置 UP 到 DOWN、DOWN 到 UP 的转换时间为 0.3s，黑块处为当前位置。单击"确定"按钮，如图 5-12 所示。

图 5-10 图 5-11

⓫ 在所有设置完成后（参数设置如图 5-13 所示），单击"关闭"按钮，此时机械装置就创建完成了。选中"手动关节"工具 ，并将鼠标移到红色圆柱体上拖动，红色圆柱体即可在黄色圆柱体上滑动了，效果如图 5-14 所示。

图 5-12 图 5-13

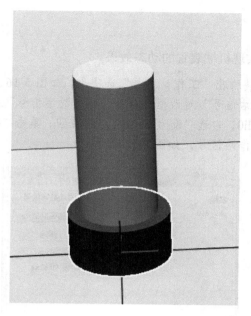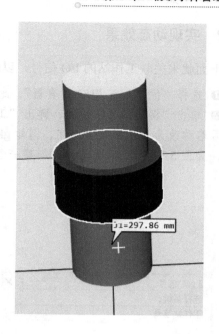

图 5-14

⓬ 右键单击 GKB-Mechanism，在弹出的快捷菜单中选择"保存为库文件"命令，将创建的机械装置保存到库文件中，以便日后调用，如图 5-15 所示。

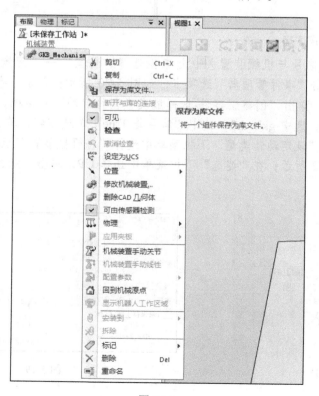

图 5-15

5.1.2 实现动态效果

下面就来关联工作站的 I/O 信号，以便实现机械装置的动态效果。

❶ 选择"仿真"→"I/O 仿真器"，此时将弹出"工作站信号"选项卡，如图 5-16 所示。

❷ 单击"编辑信号"按钮，弹出"工作站信号"对话框。单击"添加数字信号"按钮，将信号名称改为自己喜欢的名字，例如 gkb_di0，勾选"设为 False"单选按钮，单击"确定"按钮，如图 5-17 所示。至此，已创建一个工作站信号，如图 5-18 所示。

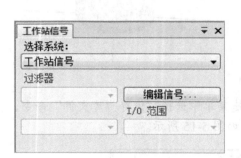

图 5-16　　　　　　　　　　　　　　图 5-17

❸ 下面将这个信号与机械装置关联起来：选择"仿真"→"配置"下的小箭头（如图 5-19 所示），弹出"事件管理器"选项卡，如图 5-20 所示：单击"事件管理器"选项卡中的"添加"按钮，弹出"创建新事件-选择触发类型和启动"对话框，单击"下一个"按钮，如图 5-21 所示；选中 gkb_di0，选中"信号是 True"单选按钮，单击"下一个"按钮，如图 5-22 所示；在"设定动作类型"下拉菜单中选择"将机械装置移至姿态"，单击"下一个"按钮，如图 5-23 所示；在"姿态"下拉菜单中选择 UP，单击"完成"按钮，如图 5-24 所示。

图 5-18

图 5-19

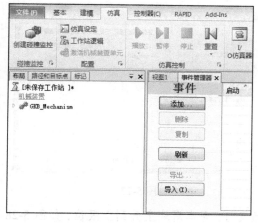

图 5-20

图 5-21

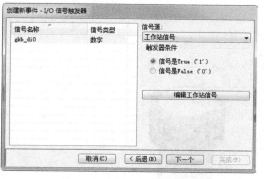

图 5-22

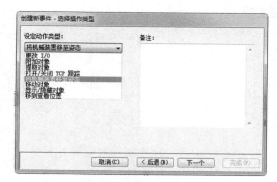

图 5-23

❹ 继续添加一个在 gkb_di0 信号为 0 时让机械装置移至姿态 DOWN 的事件：单击"事件管理器"选项卡中的"添加"按钮，弹出"创建新事件-选择触发类型和启动"对话框，单击"下一个"按钮；选中 gkb_di0，选中"信号是 False"单选按钮，单击"下一个"按钮，如图 5-25 所示；在"设定动作类型"下拉菜单中选择"将机械装置移至姿态"，单击"下一个"按钮，如图 5-26 所示；在"姿态"下拉菜单中选择 DOWN，单击"完成"按钮，如图 5-27 所示。

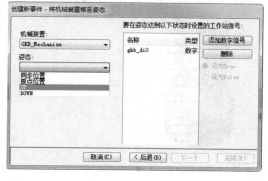

图 5-24

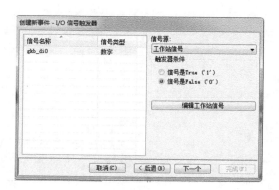

图 5-25

图 5-26   图 5-27

❺ 切换到"视图 1"选项卡，将 gkb_di0 的值设为 1，观察滑块上升到上限位，如图 5-28 所示；将 gkb_di0 的值设为 0，观察滑块下降到下限位，如图 5-29 所示。至此，动态效果已经实现。

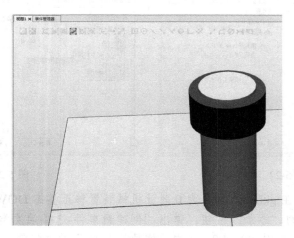

图 5-28

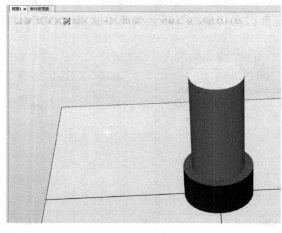

图 5-29

5.2　创建动态夹具

在实际仿真应用中，会经常使用到动态夹具。我们可以通过事件管理器的功能创建动态夹具，操作步骤如下。

5.2.1　建模

❶ 选择"文件"→"新建"→"空工作站"，新建一个空工作站。选择"基本"→"ABB模型库"→IRB120，导入 IRB120 工业机器人（即 IRB120_3_58_01）。选择"基本"→"机器人系统"→"从布局"，通过弹出的"从布局创建系统"对话框创建工业机器人系统。效果如图 5-30 所示。

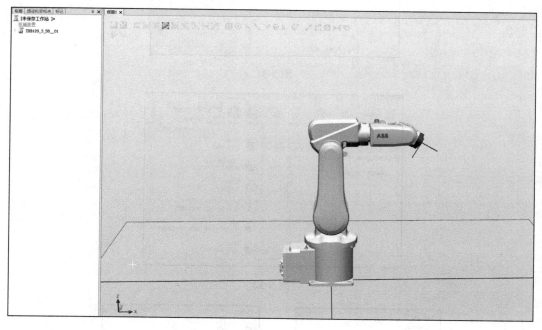

图 5-30

❷ 在"布局"选项卡中，右键单击 IRB120_3_58_01，在弹出的快捷菜单中取消勾选"可见"，将工业机器人隐藏起来，如图 5-31 所示。

❸ 选择"建模"→"固体"→"圆柱体"，新建一个圆柱体，如图 5-32 所示。

❹ 按照同样的方法，选择"建模"→"固体"→"矩形体"，新建一个矩形体（即方体）。圆柱体和方体的参数设置如图 5-33 和图 5-34 所示。依次填写完参数后，单击"创建"按钮。创建完成后单击"关闭"按钮。

❺ 利用"移动"工具 将方块拉离圆柱，如图 5-35 所示。将视角调整到如图 5-36 所示的方向，并单击"捕捉中心"工具 。

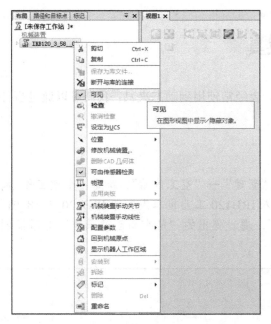

图 5-31

图 5-32

图 5-33

图 5-34

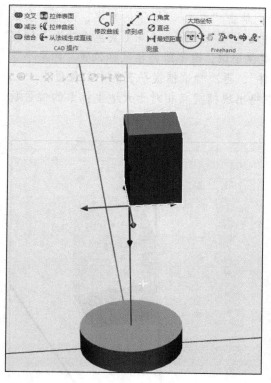

图 5-35

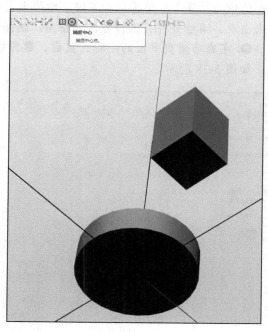

图 5-36

❻ 右键单击"部件_2",在弹出的快捷菜单中选择"位置"→"放置"→"一个点"命令(选择合适的放置方法,将"部件_2"的下表面中心放置到"部件_1"的上表面中心),如图 5-37 所示。

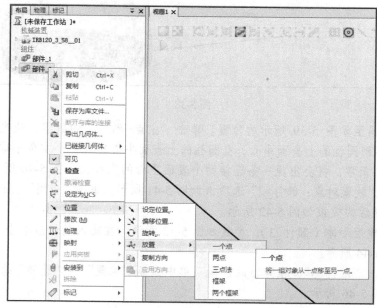

图 5-37

❼ 此时将出现"放置对象：部件_2"选项卡。单击"主点-从"下的数字，让光标在数值框内闪动，将鼠标移到矩形底部，在矩形底部中心出现一个灰色小球（灰色小球用于捕捉平面的中心位置）时单击鼠标左键。如果未出现灰色小球，请不断调整鼠标位置。如果小球还未出现，请检查并将选择方式调整为"选择部件"，再次尝试捕捉平面的中心位置。

❽ 在成功捕捉平面的中心位置后，数值框中将出现捕捉点相对于大地坐标系的位置数据，如图 5-38 所示。

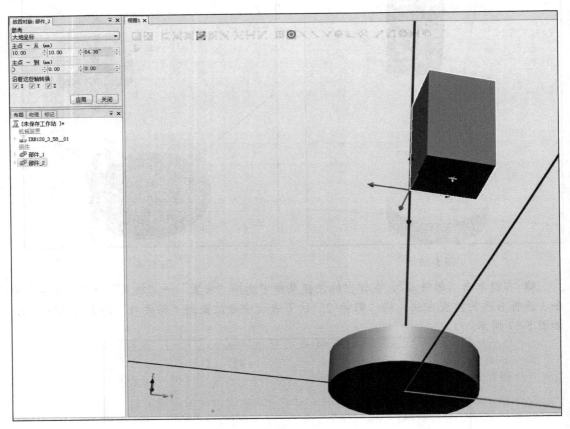

图 5-38

❾ 将视角调至如图 5-39 所示的位置。单击"主点-到"下的数字，让光标在数值框内闪动。将鼠标移到圆柱的上表面中心，在圆柱的上表面中心出现一个灰色小球时，单击鼠标左键。如果一切正常，将会出现一条连接两个表面中心的直线，如图 5-40 所示。

❿ 此时的"放置对象：部件_2"选项卡如图 5-41 所示。单击"应用"按钮，并单击"关闭"按钮。放置后的效果如图 5-42 所示。

⓫ 继续创建矩形体（部件_3），参数如图 5-43 所示。在输入数值后单击"创建"按钮。创建效果如图 5-44 所示。

⓬ 右键单击"部件_3"，在弹出的快捷菜单中选择"位置"→"旋转"命令，如图 5-45 所示。效果如图 5-46 所示。

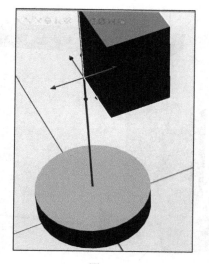

图 5-39

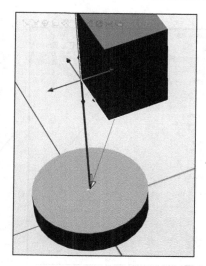

图 5-40

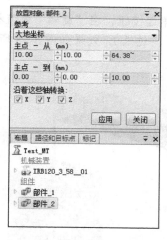

图 5-41

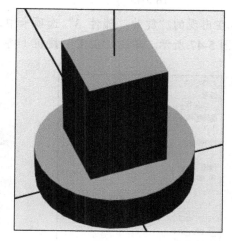

图 5-42

图 5-43

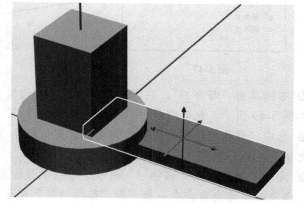

图 5-44

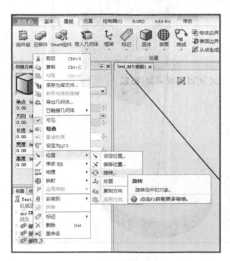

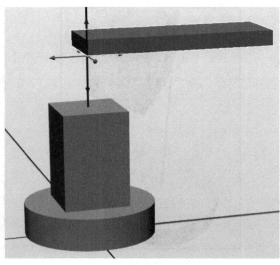

图 5-45 图 5-46

❸ 在出现的"旋转：部件_3"选项卡中，选中 Z 单选按钮，在"旋转"数值框中输入 90，如图 5-47 所示。单击"应用"按钮（将"部件_3"横过来），效果如图 5-48 所示。

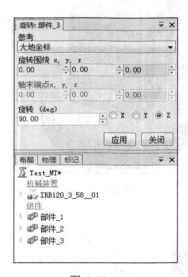

图 5-47 图 5-48

❹ 右键单击"部件_3"，在弹出的快捷菜单中选择"位置"→"放置"→"一个点"命令，如图 5-49 所示，此时将显示"放置对象：部件_3"选项卡。

❺ 选中"部件_3"下表面中心的点，以及"部件_2"上表面中心的点。在确认选择后，两点之间会生成一条直线，效果如图 5-50 所示。

❻ 此时"放置对象：部件_3"选项卡中的参数设置如图 5-51 所示。在单击"应用"按钮后，选中的两点会重合在一起，即"部件_3"下表面中心的点与"部件_2"上表面中心的点重合。

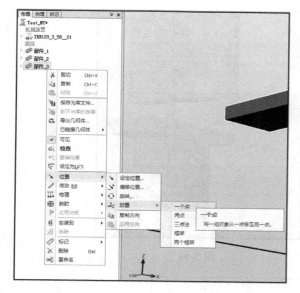

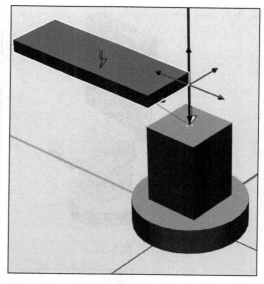

图 5-49　　　　　　　　　　　　　　　　图 5-50

⓱ 继续创建矩形体（部件_4），参数设置如图 5-52 所示。在输入数值后单击"创建"按钮。创建效果如图 5-53 所示。

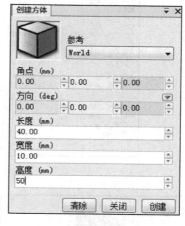

图 5-51　　　　　　　　　　　　　　　　图 5-52

⓲ 将视角切换成如图 5-54 所示的位置，选中"捕捉中点"工具 。右键单击"部件_4"，在弹出的快捷菜单中选择"位置"→"放置"→"一个点"命令，如图 5-55 所示，此时将显示"放置对象：部件_4"选项卡。

⓳ 选中"部件_4"底部平面右侧线条的中点，以及"部件_3"上表面左侧线条的中点。在确认选择后，两点之间会生成一条直线，效果如图 5-56 所示。

⓴ 此时"放置对象：部件_4"选项卡中的参数设置如图 5-57 所示。在单击"应用"按钮后，选中的两点会重合在一起，即"部件_4"底部平面右侧线条的中点与"部件_3"上表面左侧线条的中点重合。

图 5-53

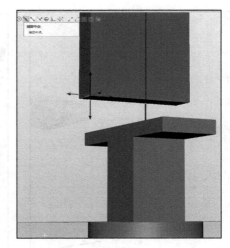
图 5-54

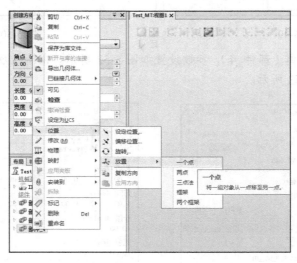
图 5-55

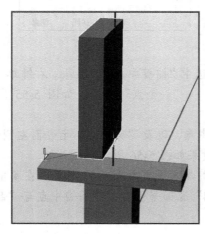
图 5-56

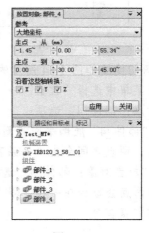
图 5-57

㉑ 按照上面的操作，再创建一个矩形体（部件_5），放在"部件_3"的另一侧，效果如图 5-58 所示。可根据自己的喜好修改模型颜色。若发现创建的模型方向不对，可选择右键快捷菜单中的"位置"→"旋转"，将模型旋转到合适的位置。

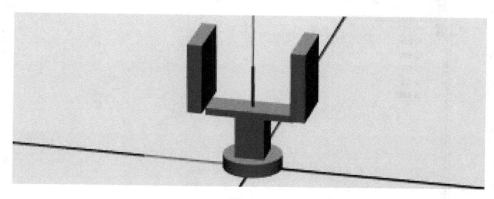

图 5-58

5.2.2　创建机械装置

下面开始创建机械装置，操作步骤如下。

❶ 选择"建模"→"创建机械装置"，如图 5-59 所示，弹出"创建机械装置"选项卡，如图 5-60 所示。

图 5-59

❷ 在图 5-60 中，设置"机械装置模型名称"，将"机械装置类型"设置为"工具"，双击"链接"，此时将弹出"创建链接"对话框。

❸ 在"创建链接"对话框中，将"链接名称"更改为自己喜欢的名字；在"所选组件"下拉列表中选择"部件_4"；单击向右的箭头，将所选组件添加至"已添加的主页"列表框；单击"应用"按钮，如图 5-61 所示。

❹ 继续创建链接，即设置"链接名称"；在"所选组件"下拉列表中选择"部件_5"；单击向右的箭头，将所选组件添加至"已添加的主页"列表框；单击"应用"按钮，如图 5-62 所示。

❺ 继续创建链接，即将"部件_1"～"部件_3"添加到"已添加的主页"列表框中，勾选"设置为 BaseLink"复选框（BaseLink 表示基础链接，是相对于机械装置其他部分而言，固定不变的链接）。设置完毕后单击"确定"按钮（在单击"确定"按钮后，不会再弹出"创建链接"对话框），如图 5-63 所示。

图 5-60

图 5-61

图 5-62

图 5-63

❻ 双击"创建机械装置"选项卡中的"接点"，从而添加接点（即添加活动关节）。此时将弹出"创建接点"对话框：将"关节名称"改成自己喜欢的名字；将"关节类型"设为"往复的"（需要让夹爪进行往复运动）；在"子链接"下拉列表中选择 GKB_L1 或者自命名的子链接名称，如图 5-64 所示。

图 5-64

❼ 接下来选择关节轴的第一个位置与第二个位置，这两个位置可以决定运动方向。选中"捕捉中点"工具 。将视角调节至如图 5-65 所示的角度。选中"关节轴"→"第一个位置"下方的输入框，直至光标闪动。将光标放在左侧矩形体的内侧线上，在内侧线出现灰色小球（线段中点位置）时单击鼠标左键。此时，在"第一个位置"下的输入框内将出现选中点的位置坐标。

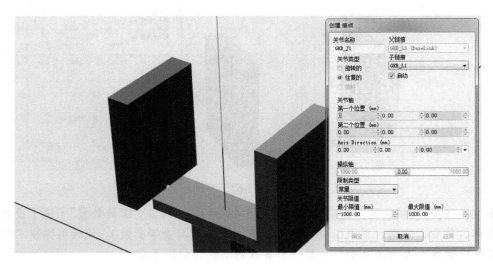

图 5-65

❽ 选中"关节轴"→"第二个位置"下方的输入框，直至光标闪动，将光标放在右侧矩形体的内侧线上，在内侧线出现灰色小球（线段中点位置）时单击鼠标左键。此时，在"第

二个位置"下的输入框内将出现选中点的位置坐标。将"最小限值"更改成 0mm，将"最大限值"更改成10mm（从而限制 L1 的运动范围），单击"应用"按钮，如图 5-66 所示。

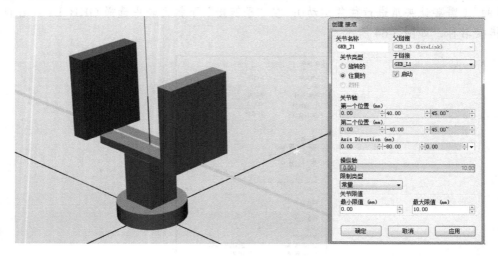

图 5-66

❾ 继续添加接点。在"创建接点"对话框中，选择第一个位置、第二个位置的坐标；设置"最小限值"为 0mm；设置"最大限值"为 10mm；单击"确定"按钮，如图 5-67 所示。

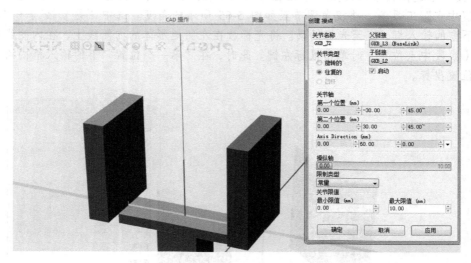

图 5-67

❿ 在"创建机械装置"选项卡中（如图 5-68 所示），双击"工具数据"（用于设置工具数据名称、位置、方向，以及工具的重量、重心、转动惯量等参数）。此时将弹出"创建工具数据"对话框。可为工具数据设置一个喜欢的名称，如图 5-69 所示

⓫ 在"创建工具数据"对话框中，可直接填写工具坐标系框架的位置（夹爪的形状简单，通过测量即可得到工具坐标系框架的位置）。因这种方法在操作过程中，虽容易想到，但是使用起来比较麻烦，所以这里介绍另一种方法。

图 5-68 　　　　　　　　　　　　　　　　图 5-69

⓬ 选择"捕捉末端"工具，单击"位置"下方的输入框，直至光标闪动。选取如图 5-70 所示的角点，此时"位置"数值框内会出现选中点的位置数值。

⓭ 将"位置"数值框中第一列（X）与第二列（Y）的值改为 0，第三列中的值保留（因为规则工具不需要 X 与 Y 的偏移值，保留 Z 的高度值即可）。在"重心"数值框的第三列输入 42（此为预估重心的位置），单击"确定"按钮，如图 5-71 所示。

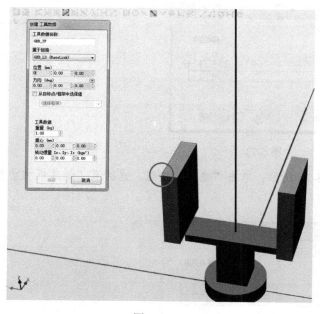

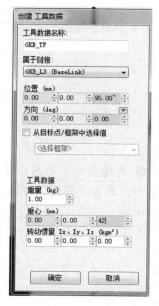

图 5-70 　　　　　　　　　　　　　　　　图 5-71

⓮ 现在，可以进行编译机械装置操作：单击"创建机械装置"选项卡中的"编译机械装置"按钮，此时的"创建机械装置"选项卡将与图 5-60 不同，显示如图 5-72 所示。

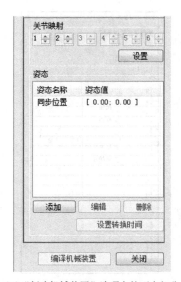

（a）"创建机械装置"选项卡的上半部分　　　　（b）"创建机械装置"选项卡的下半部分

图 5-72

⓯ 在图 5-72 中，通过单击"添加"按钮可添加夹爪姿态（至此，夹爪机械装置的雏形已经显示出来了，因之后要使用 I/O 信号控制夹爪的动作，所以这里需要添加姿态）。此时将弹出"创建姿态"对话框。在"创建姿态"对话框中，更改姿态名称为 pick，关节值的设置如图 5-73 所示。单击"应用"按钮。

图 5-73

⓰ 再增加一个姿态，设置如图 5-74 所示，单击"确定"按钮。返回至"创建机械装置"选项卡，单击"关闭"按钮。

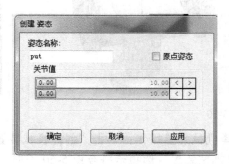

图 5-74

⑰ 在"布局"选项卡中，右键单击 IRB120_3_58_01，在弹出的快捷菜单中选择"可见"命令，如图 5-75 所示。将创建的工具拖放并安装到工业机器人上，安装后的效果如图 5-76 所示。

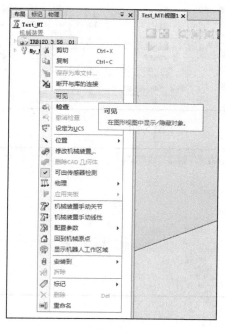

图 5-75

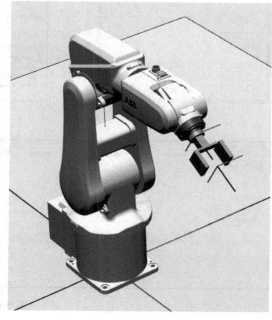

图 5-76

5.2.3　关联 I/O 信号

下面将开始添加、关联控制夹爪的信号，操作步骤如下。

❶ 选择"仿真"→"I/O 仿真器"，如图 5-77 所示。此时将出现"工作站信号"选项卡，如图 5-78 所示。

图 5-77

图 5-78

❷ 单击"编辑信号"按钮，将弹出"工作站信号"对话框。添加一个数字信号，命名为 GKB_di0。添加完成后单击"确定"按钮，如图 5-79 所示。

❸ 选择"仿真"→"配置"下的小箭头（如图 5-80 所示），弹出"事件管理器"选项卡，如图 5-81 所示。单击"添加"按钮，弹出"创建新事件-选择触发类型和启动"对话框。

图 5-79

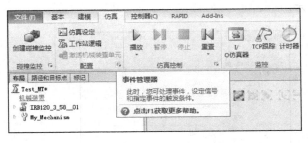

图 5-80

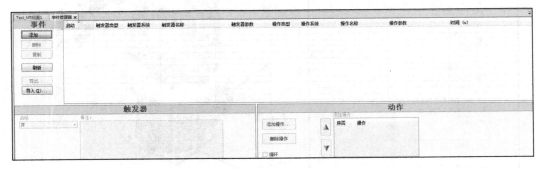

图 5-81

❹ 在"创建新事件-选择触发类型和启动"对话框中，选中"I/O 信号已更改"单选按钮，单击"下一个"按钮，如图 5-82 所示。

❺ 设置"信号源"为"工作站信号"，在"信号名称"下选中 GKB_di0，选中"信号是True"单选按钮，单击"下一个"按钮，如图 5-83 所示。

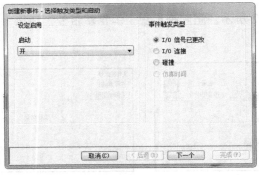

图 5-82

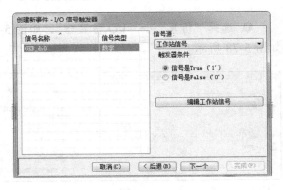

图 5-83

❻ 设置"设定动作类型"为"将机械装置移至姿态"，单击"下一个"按钮，如图 5-84 所示。

❼ 设置"机械装置"为 My_Mechanism，在"姿态"下拉列表中选择 pick，单击"完成"按钮，如图 5-85 所示。

图 5-84

图 5-85

❽ 继续单击"事件管理器"选项卡中的"添加"按钮来添加事件。在"创建新事件-选择触发类型和启动"对话框中，选中"I/O 信号已更改"单选按钮，单击"下一个"按钮，如图 5-86 所示。

❾ 设置"信号源"为"工作站信号"，在"信号名称"下选中 GKB_di0，选中"信号是 False"单选按钮，单击"下一个"按钮，如图 5-87 所示。

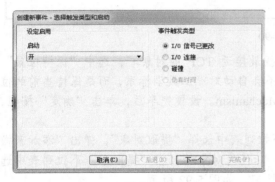

图 5-86

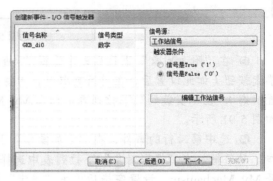

图 5-87

❿ 设置"设定动作类型"为"将机械装置移至姿态"，单击"下一个"按钮，如图 5-88 所示。

⓫ 设置"机械装置"为 My_Mechanism，在"姿态"下拉列表中选择 put，单击"完成"按钮，如图 5-89 所示。

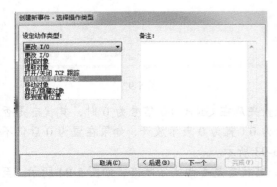

图 5-88

图 5-89

⑫ 此时的"事件管理器"选项卡如图 5-90 所示。现在，虽然夹具可实现夹住与放开的动作，但是在关联夹取与放开模型的信号前，夹具还不能真正夹取模型。选中第一行的事件，在"添加操作"下拉列表中选择"附加对象"，弹出"添加新操作"对话框。

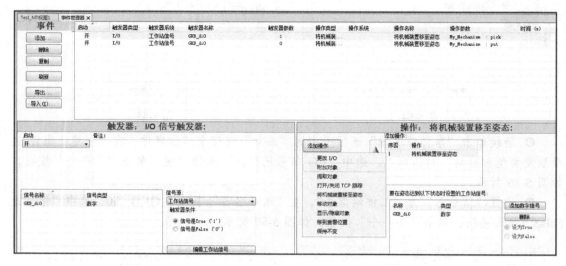

图 5-90

⑬ 在"附加对象"下拉列表中选择"<查找最接近 TCP 的对象>"，选中"保持位置"单选按钮（如此设置后，在进行夹取时，货物不会自动对准工具坐标系，而是保持当前的位置状态），在"安装到"下拉列表中选择 My_Mechanism。设置完毕后，单击"确定"按钮，如图 5-91 所示。

⑭ 选中第二行的事件，在"添加操作"下拉列表中选择"提取对象"，弹出"添加新操作"对话框。在"提取对象"下拉列表中选择"<任何对象>"，在"提取于"下拉列表中选择 My_Mechanism。设置完毕后单击"确定"按钮，如图 5-92 所示。

图 5-91　　　　　　　　　　　　　　图 5-92

⑮ 切换到"Test_MT 视图 1"选项卡，检查夹爪在 GKB_di0 信号为 0 时，其状态是否为放开。如果不是放开状态，就将 GKB_di0 置为 0（置为 0 表示放开，如果在置为 0 后仍不是放开状态，请检查之前的操作步骤），如图 5-93 所示。

⑯ 再次检查夹爪在 GKB_di0 信号为 1 时，其状态是否为夹紧状态，如图 5-94 所示。至此，关联 I/O 信号完成。

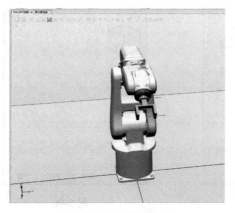 

（a）夹具处于放开状态　　　　　　　　（b）GKB_di0 信号为 0

图 5-93

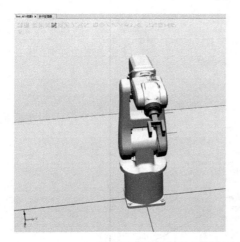 

（a）夹具处于夹紧状态　　　　　　　　（b）GKB_di0 信号为 1

图 5-94

5.2.4　模拟夹取

通过上面的操作，已将模拟夹取的准备工作完成。下面可以试着夹取一个模拟物体，操作步骤如下。

❶ 选择"建模"→"固体"→"矩形体"，新建一个用于夹取的货物（用矩形体表示货物，即"部件_1"），如图 5-95 所示。矩形体的参数设置如图 5-96 所示。设置完毕后单击"创建"按钮。

❷ 右键单击"部件_1"，在弹出的快捷菜单中选择"修改"→"设定颜色"命令，如图 5-97 所示，从而为刚刚创建的矩形体设置一个喜欢的颜色，这里设为红色。

❸ 选择"移动"工具 将"部件_1"移动到工业机器人能夹取的位置。移动前后的位置对比如图 5-98 和图 5-99 所示。

图 5-95

图 5-96

图 5-97

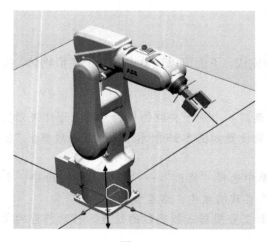

图 5-98

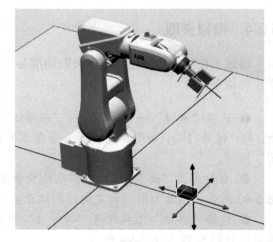

图 5-99

❹ 使用"手动关节"工具 将工业机器人调整至如图 5-100 所示的姿态。使用"手动线性"工具 将工业机器人调整至如图 5-101 所示的姿态。

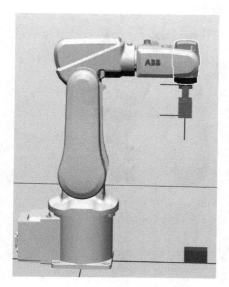

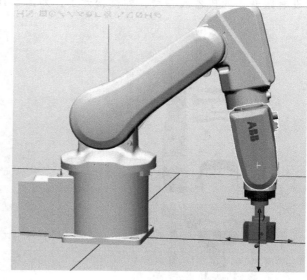

图 5-100　　　　　　　　　　　　　　　　　　　图 5-101

❺ 将视角切换到工业机器人的正面，并且将工业机器人调整到如图 5-102 所示的姿态（黑色虚线框内）。

❻ 选择"仿真"→"I/O 仿真器"，出现"工作站信号"选项卡。在该选项卡中，将 GKB_di0 置为 1（表示夹取）。此时将工业机器人使用"手动线性"工具 拉起来，发现矩形体也跟着工业机器人一起移动，即被夹起来了，如图 5-103 所示。

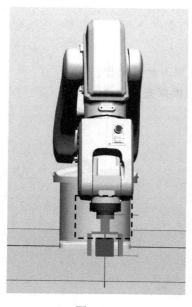

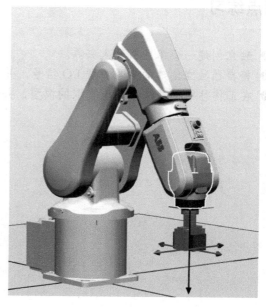

图 5-102　　　　　　　　　　　　　　　　　　　图 5-103

❼ 再将工业机器人调整到如图 5-104 所示的姿态。在"工作站信号"选项卡中，将 GKB_di0 置为 0（表示松开）。此时将工业机器人利用"手动线性"工具 移开，发现矩形体并没有跟着工业机器人移动，即被松开了，如图 5-105 所示。

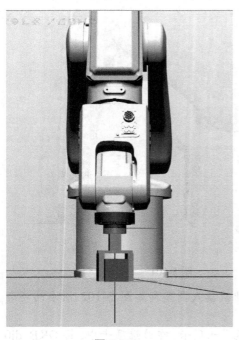

图 5-104

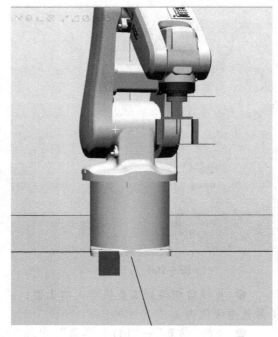

图 5-105

知识点练习

❶ 独立创建一个工业机器人夹具。
❷ 将自己独立创建的夹具关联 I/O 信号，并实现夹取与放开操作。
❸ 在工作站中创建夹具可以夹取的模型，并检验、模拟夹具效果。

第 6 章

初识 Smart 组件

【学习目标】
- 掌握利用 Smart 组件创建工业机器人动态吸盘的方法
- 掌握利用 Smart 组件创建动态输送链的方法
- 掌握将工作站信号与工业机器人系统的输入/输出信号关联起来的方法

在实际仿真过程中，夹具与输送带的动态仿真效果对于整体的仿真而言至关重要。Smart 组件能让工作站内的组件执行复杂的行为，如夹持动作、工件随传送带移动等，从而快速实现动画效果。下面就来一起体验一下 Smart 组件的强大功能。

6.1 通过 Smart 组件创建动态吸盘

6.1.1 创建吸盘模型

下面通过 RobotStudio 创建一个吸盘模型。虽然相对 RobotStudio 而言，其他专业建模软件的建模功能更加强大，但是对于一些没有接触过其他建模软件的学习者而言，应用 RobotStudio 可能更加简单、直接，所以下面将直接在 RobotStudio 中创建吸盘模型。操作步骤如下。

❶ 选择"文件"→"新建"→"空工作站"，创建一个新的工作站（ThesixthChapter），如图 6-1 所示。

❷ 选择"基本"→"ABB 模型库"→IRB460，导入 IRB460 工业机器人，如图 6-2 所示。

❸ 在"布局"选项卡中，右键单击 IRB460_110_240_01，在弹出的快捷菜单中取消选中"可见"，将工业机器人隐藏起来，如图 6-3 所示（将其隐藏的目的是为了在后续创建工具模型时方便）。

❹ 选择"基本"→"机器人系统"→"从布局"，如图 6-4 所示，弹出"从布局创建系统"对话框。

❺ 在"从布局创建系统"对话框中，选中 6.07.01.00 文件，单击"下一个"按钮，如图 6-5 所示。在弹出的对话框中，继续单击"下一个"按钮，直至弹出如图 6-6 所示的对话框。单击"选项"按钮，弹出"更改选项"对话框。

图 6-1

图 6-2

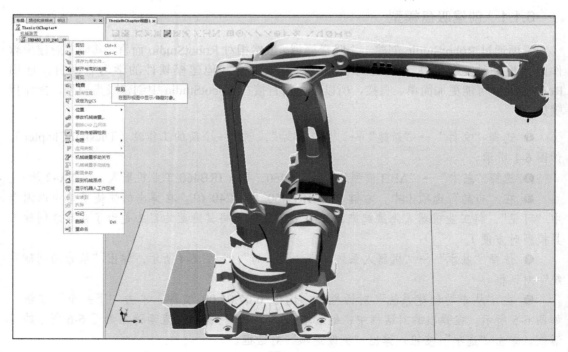

图 6-3

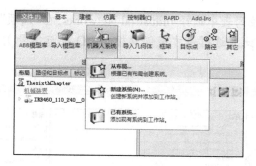

图 6-4

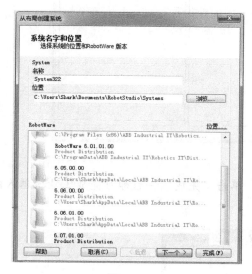

图 6-5

图 6-6

❻ 在"类别"下拉列表中选择 Default Language；在"选项"下取消选中 English 复选框，改为选中 Chinese 复选框（设置后可将虚拟示教器的界面改为中文界面），如图 6-7 所示。

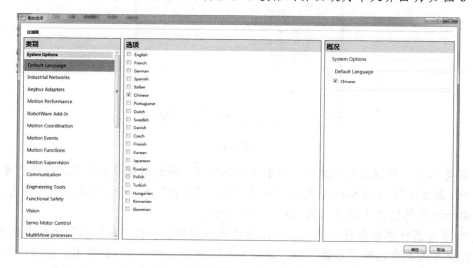

图 6-7

❼ 继续在"类别"下拉列表中选择 Industrial Networks，在"选项"下选中"709-1 DeviceNet Master/Slave"（只有选中此复选框，才能创建标准 I/O 板与信号），单击"确定"按钮，如图 6-8 所示。

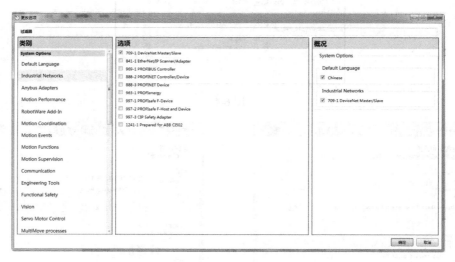

图 6-8

❽ 此时将返回"从布局创建系统"对话框，单击"完成"按钮即可完成工业机器人的系统创建，如图 6-9 所示。

图 6-9

❾ 在导入工业机器人与创建工业机器人的系统后，开始创建吸盘模型。选择"建模"→"固体"→"圆柱体"（见图 6-10）。此时将弹出"创建圆柱体"选项卡。创建一个半径为 80mm、高度为 40mm 的圆柱体（部件_1），如图 6-11 所示。

❿ 如果对圆柱体的颜色不满意，可以修改圆柱体颜色：在"部件_1"上单击鼠标右键，在弹出的快捷菜单中选择"修改"→"设定颜色"命令，如图 6-12 所示，弹出"颜色"对话框。选中其中的蓝色，单击"确定"按钮。设置好的圆柱体如图 6-13 所示。

图 6-10

图 6-11

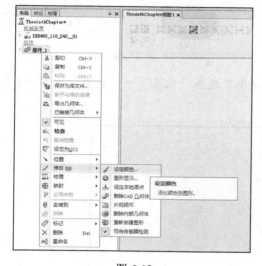

图 6-12

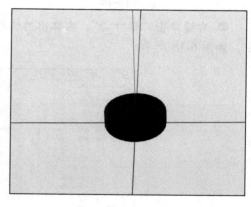

图 6-13

⓫ 选择"建模"→"固体"→"矩形体"（见图 6-14），此时将弹出"创建方体"选项卡。创建一个长度为 600mm、宽度为 400mm、高度为 20mm 的矩形体（部件_2），如图 6-15 所示。设置完成后，单击"创建"按钮。

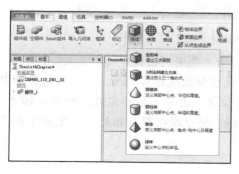

图 6-14

图 6-15

⓬ 在"部件_2"上单击鼠标右键，在弹出的快捷菜单中选择"修改"→"设定颜色"命令，弹出"颜色"对话框。选中其中的红色，单击"确定"按钮。设置好的矩形体如图 6-16 所示。

⓭ 通过"移动"工具 将"部件_2"拉起，放置效果如图 6-17 所示。

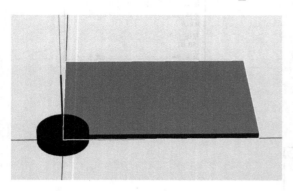

图 6-16

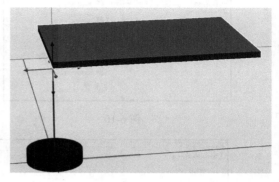

图 6-17

⓮ 右键单击"部件_2"，在弹出的快捷菜单中选择"位置"→"放置"→"一个点"命令，如图 6-18 所示。

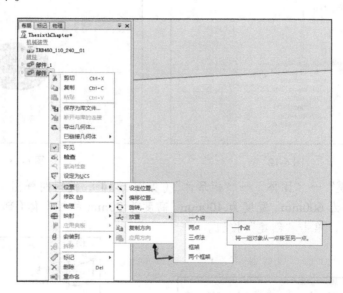

图 6-18

⓯ 此时将出现"放置对象：部件_2"选项卡。选中"捕捉中心"工具 ，单击"主点-从"下的数值框，让光标在数值框内闪动，将鼠标移到矩形体底部，在矩形体底部中心出现一个灰色小球（灰色小球用于捕捉平面的中心位置）时单击鼠标左键，如图 6-19 所示。

⓰ 在成功捕捉平面的中心位置后，数值框中将出现捕捉点相对于大地坐标系的位置数据，如图 6-20 所示。

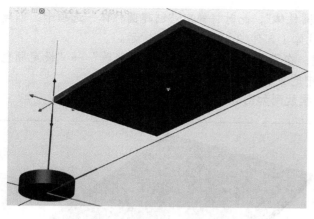

图 6-19

图 6-20

⓱　再次调整视角，单击"主点−到"下的数值框，让光标在数值框内闪动，将鼠标移到圆柱体的上表面，在上表面中心出现一个灰色小球时单击鼠标左键，如图 6-21 所示。在成功捕捉到上表面的中心点后，数值框中将出现捕捉点相对于大地坐标系的位置数据，如图 6-22 所示。

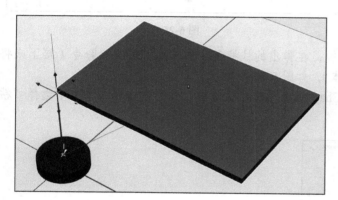

图 6-21

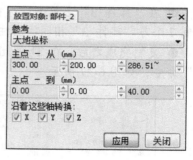

图 6-22

⓲　设置完成后单击"应用"按钮，效果如图 6-23 所示。

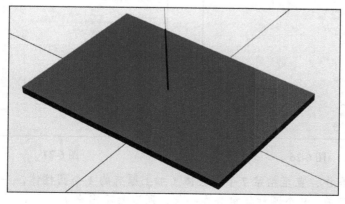

图 6-23

⑲ 选择 "建模" → "固体" → "圆柱体", 此时将弹出 "创建圆柱体" 选项卡。创建一个半径为 10mm、高度为 20mm 的圆柱体 (部件_3), 如图 6-24 所示。

⑳ 在 "部件_3" 上单击鼠标右键, 在弹出的快捷菜单中选择 "修改" → "设定颜色" 命令, 弹出 "颜色" 对话框。选中其中的黄色, 单击 "确定" 按钮。

㉑ 使用 "移动" 工具 🔧 将圆柱体拖放到如图 6-25 所示的位置。

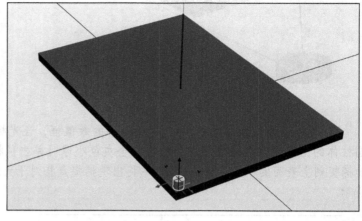

图 6-24   图 6-25

㉒ 在 "部件_3" 上单击鼠标右键, 在弹出的快捷菜单中选择 "复制" 命令 (接下来将复制 7 个与 "部件_3" 相同的圆柱体), 如图 6-26 所示。

㉓ 复制完成之后, 在 ThesixthChapter 上单击鼠标右键, 在弹出的快捷菜单中选择 "粘贴" 命令, 如图 6-27 所示。

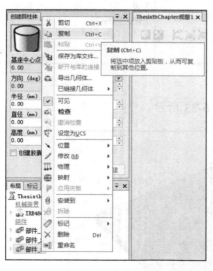

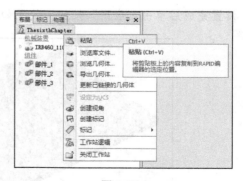

图 6-26   图 6-27

㉔ 重复粘贴操作, 直至粘贴 7 个圆柱体 (加上原有的 1 个圆柱体, 一共 8 个圆柱体), 如图 6-28 所示 (目前, 8 个圆柱体重叠在一起, 所以看不出来)。

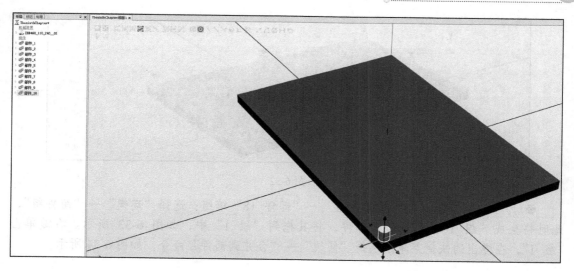

图 6-28

㉕ 使用"移动"工具 ，依次在 X 方向或 Y 方向上拖动圆柱体。最终效果如图 6-29 所示。

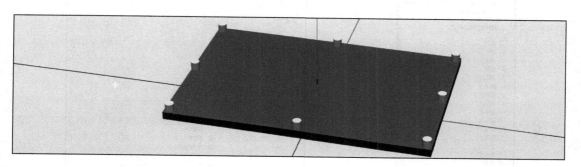

图 6-29

㉖ 选择"建模"→"固体"→"圆锥体"（见图 6-30），此时将弹出"创建圆锥体"选项卡。创建一个半径为 10mm、高度为 20mm 的圆锥体（部件_11），如图 6-31 所示。

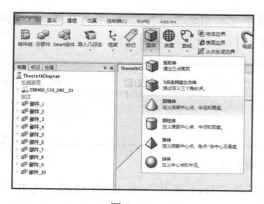

图 6-30

图 6-31

㉗ 复制 7 个与"部件_11"相同的圆锥体，并拖放到圆柱体的上方，如图 6-32 所示。

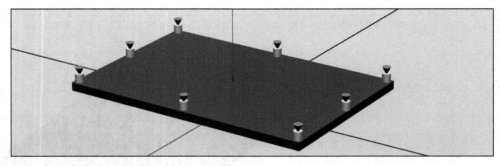

图 6-32

❷ 为了操作方便，可将"部件_1"～"部件_18"编组：选择"建模"→"组件组"，此时将生成"组_1"。选中所有部件，将其拖到"组_1"中，如图 6-33 所示。右键单击"组_1"，在弹出的快捷菜单中选择"修改"→"合并到部件"命令，如图 6-34 所示。

图 6-33

图 6-34

❷ 右键单击"组_1"，在弹出的快捷菜单中取消选中"可见"（即将"组_1"隐藏）。选择"建模"→"创建工具"，如图 6-35 所示。

图 6-35

❸ 此时将弹出"创建工具"对话框。设置"Tool 名称"为 GKB_Tool，选中"使用已有的部件"单选按钮，在其下拉列表中选择"组_1_合并"，如图 6-36 所示。单击"下一个"按钮。

❸❶ 在"位置"的第三个数值框中输入 95（吸盘的高度决定了 Z 的偏移值），单击向右的箭头，将 GKB_Tool 添加至右侧的 TCP 列表框，单击"完成"按钮，如图 6-37 所示。

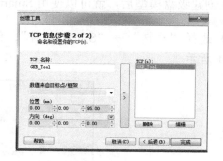

图 6-36　　　　　　　　　　　　　　　　　　图 6-37

❸❷ 右键单击 IRB460_110_240_01，在弹出的快捷菜单中选中"可见"，即显示工业机器人 IRB460。将 GKB_Tool 拖至 IRB120 上，如图 6-38 所示。在弹出的"更新位置"对话框中单击"是"按钮，如图 6-39 所示。

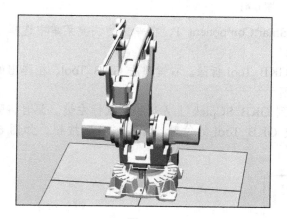

图 6-38　　　　　　　　　　　　　　　　　　图 6-39

❸❸ 创建完成的吸盘模型如图 6-40 所示。

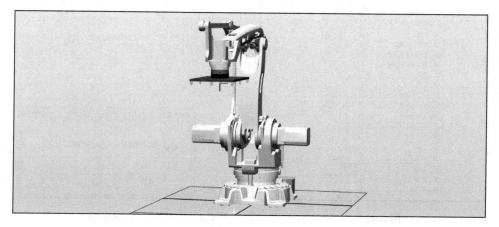

图 6-40

6.1.2 创建 Smart 组件

在创建吸盘模型后，就可以使用 Smart 组件为其添加属性了，操作步骤如下。

❶ 选择"建模"→"Smart 组件"，创建一个 Smart 组件（SmartComponent_1），如图 6-41 所示。

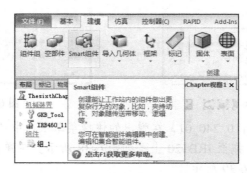

图 6-41

❷ 在"布局"选项卡中，右键单击 SmartComponent_1，在弹出的快捷菜单中选择"重命名"命令，将其重命名为 GKB_SCpick。

❸ 为了方便对工具进行处理，可将 GKB_Tool 拆除。右键单击 GKB_Tool，在弹出的快捷菜单中选择"拆除"命令，如图 6-42 所示。

❹ 选中 GKB_Tool 不放，在将其拖到 GKB_SCpick 上方后松开鼠标左键。此时将弹出"更新位置"对话框，询问是否希望恢复 GKB_Tool 的位置。单击"否"按钮，如图 6-43 所示。

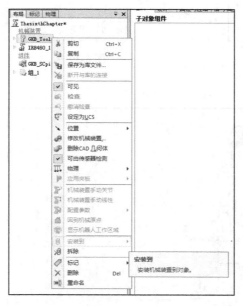

图 6-42

图 6-43

❺ 切换到 GKB_SCpick 选项卡，右键单击 GKB_Tool，在弹出的快捷菜单中选择"设定为 Role"命令，即将此工具设定为角色，如图 6-44 所示。小提示：如果找不到或者关闭了 GKB_SCpick 选项卡，可以右键单击 GKB_SCpick，在弹出的快捷菜单中选择"编辑组件"命令，即可打开 GKB_SCpick 选项卡，如图 6-45 所示。

图 6-44   图 6-45

❻ 选中 GKB_SCpick，将其拖到 IRB460 上方后松开鼠标左键。此时将弹出"更新位置"对话框，询问是否希望恢复 GKB_SCpick 的位置，单击"否"按钮。至此，创建 Smart 组件的操作完成。

上述操作的目的是将 GKB_SCpick 设定为工业机器人的工具：因为在本例中，工具 GKB_Tool 包含一个工具坐标系，在 GKB_SCpick 选项卡中，将 GKB_Tool 设为 Role 之后，GKB_SCpick 就继承了 GKB_Tool 工具坐标系的属性，因此可将 Smart 组件 GKB_SCpick 作为工业机器人的工具来使用。

6.1.3 创建线传感器

❶ 选择"添加组件"→"传感器"→LineSensor（线传感器），如图 6-46 所示。此时将出现"属性：LineSensor"选项卡，如图 6-47 所示。

❷ 将视图切换到"ThesixthChapter 视图 1"，并将视角调整到如图 6-48 所示的状态。

❸ 选择"捕捉中心"工具◎，单击 Start 下的数值框，直至光标闪动。将光标放在矩形体的下表面中心，在下表面中心出现灰色小球时单击鼠标，如图 6-49 所示。此时，在 Start 下的数值框内将出现选中点的位置坐标。设置"属性：LineSensor"选项卡，如图 6-50 所示。

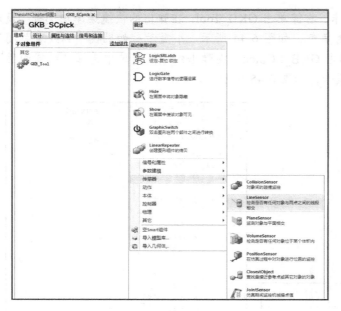

图 6-46

图 6-47

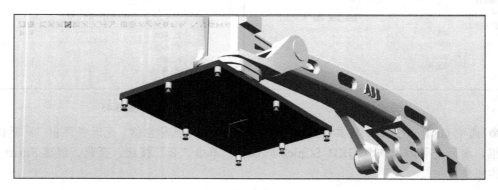

图 6-48

图 6-49

图 6-50

　　注意：在当前工具的姿态下，终点 End 只是相对 Start 点而言的，在大地坐标系的 Z 轴负方向上偏移了一定距离，所以可以参考 Start 点的位置坐标直接输入 End 点的位置坐标。对于虚拟传感器而言，有一个问题需要注意：当虚拟传感器的接触部分完全被物体覆盖时，传感器不能检测到接触的物体。所以，在检测时必须保证传感器的一部分在物体内部，另一部分在物体外部（可人为增大 Start 点的 Z 值，从而保证在检测或拾取时，该传感器的一部分在物体内部，另一部分在物体外部），这样才能保证检测的准确性。

　　❹ 设置完成后，单击"属性：LineSensor"选项卡中的"应用"按钮，创建的线传感器（LineSensor）如图 6-51 所示。

　　❺ 在吸盘模型上单击鼠标右键，在弹出的快捷菜单中取消选中"可由传感器检测"，如图 6-52 所示。

图 6-51

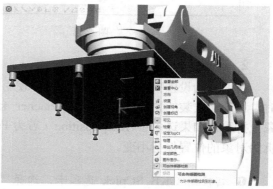
图 6-52

　　注意：在线传感器的属性设置完成后，需要将工具设置为不可由传感器检测（也就是取消选中"可由传感器检测"），从而避免线传感器与吸盘模型之间发生干扰（线传感器一次只能检测一个模型，如果在刚开始时就能检测到模型，那么就无法继续检测其他想要检测的模型了）。

6.1.4　添加组件

1. Attacher 组件

　　下面开始设置吸盘模型的吸取动作，使用的子组件为 Attacher。在设置 Execute（为 True 时进行安装）信号时，Attacher 将 Child（要安装的子对象）安装到 Parent 上。如果 Parent 为机械装置，则必须指定要安装的 Flange（安装在机械装置的哪个法兰上）。在设置 Execute 输入信号时，子对象将安装到父对象上。如果选中 Mount 复选框，则还会按照指定的 Offset（相对于父对象的位置）和 Orientation（相对于父对象的方向），将子对象装配到父对象上。

　　❶ 切换到 GKB_SCpick 选项卡，选择"添加组件"→"动作"→Attacher，如图 6-53 所示。

　　❷ 此时将出现"属性：Attacher"选项卡。在 Parent 下选择 GKB_SCpick/GKB_Tool，如图 6-54 所示。由于子对象不是特定的物体，所以暂不设定，单击"关闭"按钮。

图 6-53   图 6-54

2．Detacher 组件

下面开始设置吸盘模型的放置动作，使用的子组件为 Detacher。在设置 Execute（为 True 时，移除被安装的物体）信号时，Detacher 会将 Child（要拆除的对象）从其所安装的父对象上拆除。如果选中了 KeepPosition（若为 False，则被拆除的对象将返回原始位置），则被拆除对象的位置保持不变。

❶ 切换到 GKB_SCpick 选项卡，选择"添加组件"→"动作"→Detacher，如图 6-55 所示。

❷ 此时将出现"属性：Detacher"选项卡。该选项卡的参数设置如图 6-56 所示，单击"关闭"按钮。

图 6-55   图 6-56

Child 为拆除的对象，但是因为该对象不是一个特定的物体，所以这里暂时不做设置。不过，要确保"属性：Detacher"选项卡中的 KeepPosition 处于选中状态，否则被拆除的对象将返回到原始位置。

因为吸取与放置的操作对象不是同一产品，所以并没有在此处设置 Child 的吸取动作与放置动作（会在"属性与连结"选项卡中设置）。

3．LogicGate 组件

下面继续添加组件 LogicGate，操作步骤如下。

❶ 切换到 GKB_SCpick 选项卡，选择"添加组件"→"信号和属性"→LogicGate，如图 6-57 所示。

❷ 此时将出现"属性：LogicGate"选项卡。在 Operator 下拉列表中选择 NOT，如图 6-58 所示，单击"关闭"按钮。

图 6-57

图 6-58

在图 6-58 中，Operator 是用于逻辑运算的运算符，对其说明如表 6-1 所示；InputA 表示第一个输入信号；InputB 表示第二个输入信号；Output 是由 InputA（第一个输入信号）和 InputB（第二个输入信号）按照 Operator 进行逻辑运算的结果。

表 6-1

运算符	含义
AND	与
OR	或
XOR	异或
NOT	非
NOP	空

4．LogicSRLatch 组件

下面继续添加信号置位/复位组件 LogicSRLatch。LogicSRLatch 组件用于置位/复位信号，并且自带锁定功能。添加 LogicSRLatch 组件的操作步骤如下。

❶ 切换到 GKB_SCpick 选项卡，选择"添加组件"→"信号和属性"→LogicSRLatch，如图 6-59 所示。

❷ 此时将出现"属性：LogicSRLatch"选项卡。参数设置如图 6-60 所示，单击"关闭"按钮。

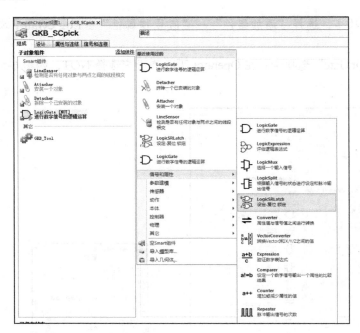

图 6-59   图 6-60

6.1.5 设置"属性与连结"选项卡

前面讲到，会在"属性与连结"选项卡中设置 Child 的关联。下面就来进行相关操作，步骤如下。

❶ 切换到"属性与连结"选项卡，单击"添加连结"，弹出"添加连结"对话框。

❷ 在"添加连结"对话框中，设置由线传感器（LineSensor）检测到的物体（SensedPart）作为安装的（Attacher）子对象（Child）。设置完毕后，单击"确定"按钮，如图 6-61 所示。

❸ 继续单击"添加连结"，在弹出的"添加连结"对话框中，设置由安装（Attacher）的子对象（Child）作为拆除（Detacher）的子对象。设置完毕后，单击"确定"按钮，如图 6-62 所示。最终效果如图 6-63 所示。

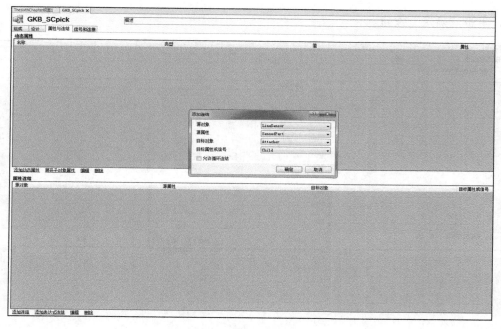

图 6-61

图 6-62

属性连结			
源对象	源属性	目标对象	目标属性或信号
LineSensor	SensedPart	Attacher	Child
Attacher	Child	Detacher	Child

图 6-63

6.1.6 设置"信号和连接"选项卡

❶ 切换到"信号和连接"选项卡，单击"添加 I/O Signals"，弹出"添加 I/O Signals"对话框。

❷ 在"添加 I/O Signals"对话框中，添加一个"信号类型"为 DigitalInput、"信号名称"为 GKB_di0 的信号，用于控制吸盘的吸取、放置动作：当信号值为 1 时表示吸取；当信号值为 0 时表示放置，如图 6-64 所示。设置完成后，单击"确定"按钮。

❸ 继续单击"添加 I/O Signals"，在弹出的"添加 I/O Signals"对话框中，添加一个"信号类型"为 DigitalOutput、"信号名称"为 GKB_do0 的信号，用于反馈是否已吸住物体：当信号值为 1 时表示已吸住；当信号值为 0 时表示未吸住或已放置，如图 6-65 所示。设置完

成后，单击"确定"按钮。

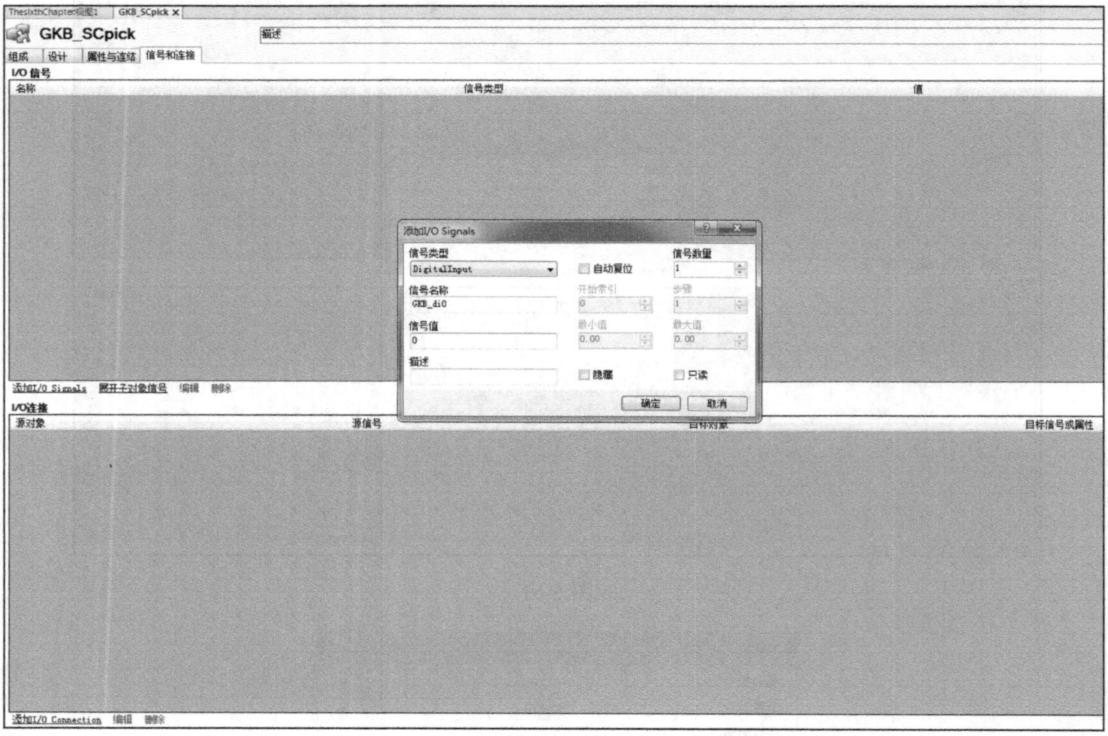

图 6-64

图 6-65

❹ 单击"信号和连接"选项卡下方的"添加 I/O Connection"，弹出"添加 I/O Connection"对话框。参数设置如图 6-66 所示，表示当 GKB_di0 置为 1 时，触发线传感器开始检测。

❺ 继续在"添加 I/O Connection"对话框中添加 I/O 连接。参数设置如图 6-67 所示，表示当线传感器检测到物体时，开始执行吸取动作。

❻ 继续在"添加 I/O Connection"对话框中添加 I/O 连接。参数设置如图 6-68 所示，表示将 GKB_di0 信号输入逻辑非门，进行取反操作。

❼ 继续在"添加 I/O Connection"对话框中添加 I/O 连接。参数设置如图 6-69 所示，表示由逻辑非门输出的信号控制放置动作。

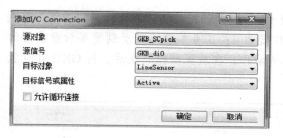

图 6-66

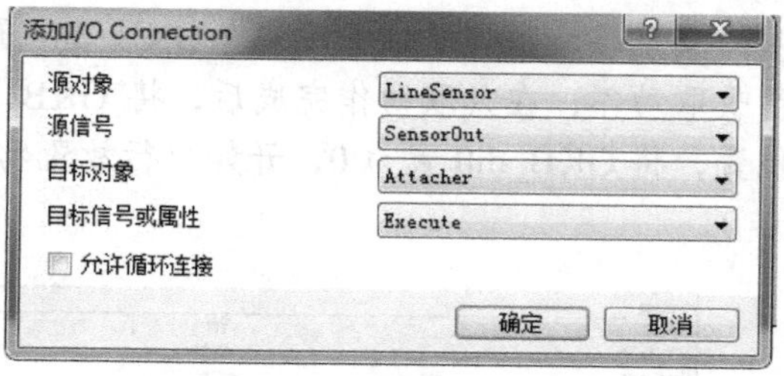

图 6-67

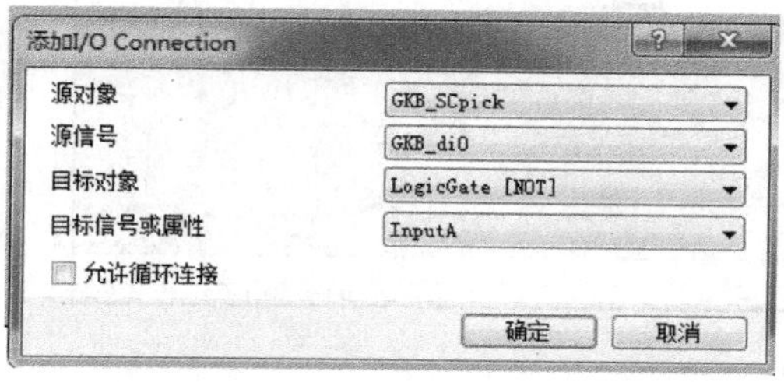

图 6-68

图 6-69

❽ 继续在"添加 I/O Connection"对话框中添加 I/O 连接。参数设置如图 6-70 所示，表示在吸取动作完成后，对置位/复位组件执行"置位"操作。

❾ 继续在"添加 I/O Connection"对话框中添加 I/O 连接。参数设置如图 6-71 所示，表示在放置动作完成后，对置位/复位组件执行"复位"操作。

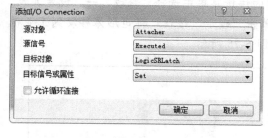

图 6-70

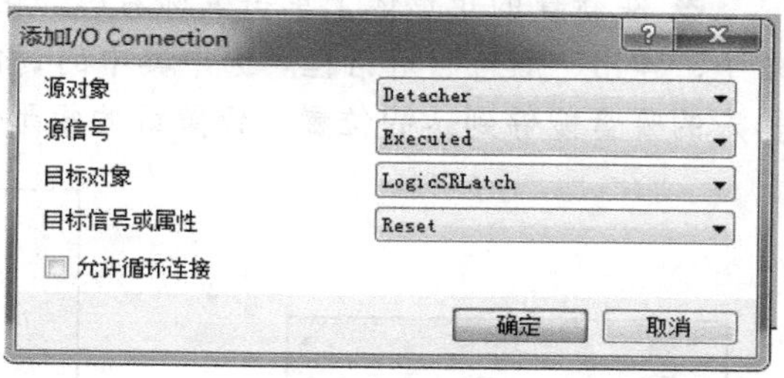

图 6-71

❿ 继续在"添加 I/O Connection"对话框中添加 I/O 连接。参数设置如图 6-72 所示，表示将置位/复位组件的输出直接关联到 GKB_do0。

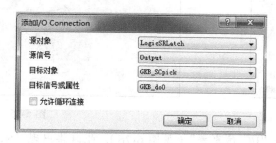

图 6-72

⓫ 设置完成后的效果如图 6-73 所示。由此可以得到吸盘的整体运动流程：在工业机器

人的吸盘移动到吸取位置后，将 GKB_di0 置为 1；传感器开始检测，如果检测到物体，则执行吸取动作；在吸取动作完成后，将 GKB_do0 置为 1；工业机器人移动到需要放置物体的位置，将 GKB_di0 置为 0，开始执行放置物体的动作；在放置动作完成后，将 GKB_do0 置为 0。

图 6-73

6.1.7　仿真运行

❶ 选择"建模"→"固体"→"矩形体"，此时将弹出"创建方体"选项卡。创建一个长度为 600mm、宽度为 400mm、高度为 300mm 的矩形体（表示吸取的产品），如图 6-74 所示。设置完成后，单击"创建"按钮。

❷ 在新建的矩形体上单击鼠标右键，在弹出的快捷菜单中选择"修改"→"设定颜色"命令，弹出"颜色"对话框。选中其中的黄色，单击"确定"按钮。将矩形体移动到工业机器人的吸盘能够到达的位置。设置好的矩形体如图 6-75 所示。

图 6-74

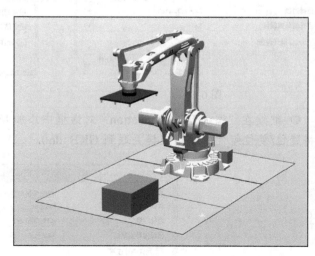

图 6-75

❸ 选择"仿真"→"I/O 仿真器"（见图 6-76），此时将出现"System322 个信号"选项卡。设置"选择系统"为 GKB_SCpick，如图 6-77 所示。

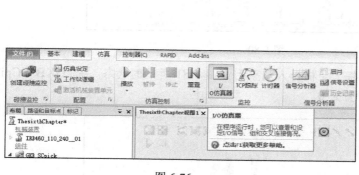

图 6-76

图 6-77

❹ 先选择"手动线性"工具 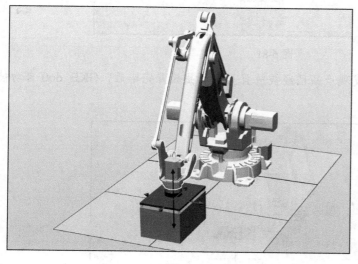，再选择"捕捉中心"工具 ◎。将工业机器人的吸盘拖动到产品的上方并贴合，如图 6-78 所示。

❺ 此时的"System322 个信号"选项卡已显示为"GKB_SCpick 个信号"选项卡，将GKB_di0 置为 1，如图 6-79 所示。

图 6-78

图 6-79

❻ 再次拖动工业机器人，发现产品已经被"吸"起来了，并且在吸住产品的动作完成后，GKB_do0 自动被置为 1，如图 6-80 所示。

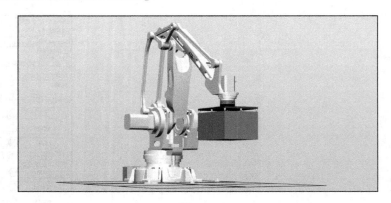

图 6-80

❼ 将产品放在地面上，且将工业机器人调整到如图 6-81 所示的状态。在"GKB_SCpick 个信号"选项卡中将 GKB_di0 置为 0。

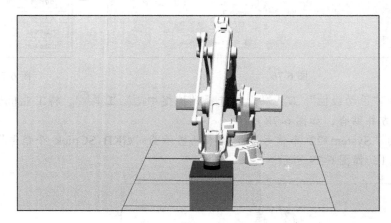

图 6-81

❽ 再次拖动工业机器人，发现产品已经被放置。在产品放置完毕后，GKB_do0 自动被置为 0，如图 6-82 所示。

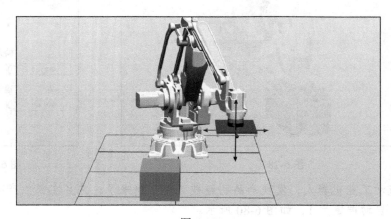

图 6-82

6.2 通过 Smart 组件创建动态输送链

输送链的动态效果：输送链的前端自动产生产品；产品随着输送链向前移动，当产品到达末端后停止移动；在产品被动态吸盘取走后，输送链的前端再次产生产品，循环往复。下面就来实现输送链的动态效果。

6.2.1 导入模型

❶ 选择"基本"→"导入模型库"→"设备"→"输送链 Guide"，如图 6-83 所示。此时将弹出"输送链 Guide"对话框。

图 6-83

❷ 在"输送链 Guide"对话框中，设置"宽度"为 400mm，单击"确定"按钮，如图 6-84 所示。

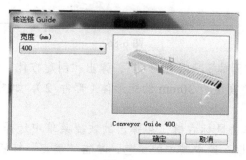

图 6-84

❸ 利用"移动"工具 将输送链调整到合适的位置，效果如图 6-85 所示。

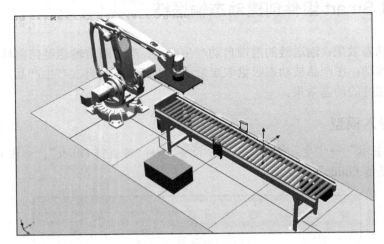

图 6-85

❹ 选择"基本" → "导入模型库" → "设备" →Euro Pallet，导入一个 Euro Pallet（托盘）。再次选择"基本" → "导入模型库" → "设备" →Euro Pallet，导入另一个 Euro Pallet（托盘）。利用"移动"工具 将两个 Euro Pallet 调整到合适的位置。最终效果如图 6-86 所示。

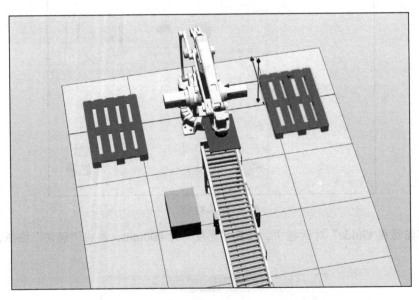

图 6-86

❺ 选择"建模" → "固体" → "矩形体"，弹出"创建方体"选项卡。创建一个长度为 1200mm、宽度为 800mm、高度为 30mm 的矩形体（部件_2），如图 6-87 所示。设置完成后，单击"创建"按钮。

❻ 在"部件_2"上单击鼠标右键，在弹出的快捷菜单中选择"修改" → "设定颜色"命令，弹出"颜色"对话框。选中其中的棕色，单击"确定"按钮，如图 6-88 所示。

图 6-87

图 6-88

❼ 利用"移动"工具 将矩形体调整到 Euro Pallet（托盘）的正上方，作为 Euro Pallet（托盘）的盖板，效果如图 6-89 所示。

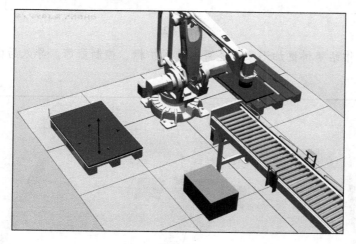

图 6-89

❽ 切换到"布局"选项卡，选中 Euro Pallet 不放，将其拖到"部件_2"上方后松开鼠标左键，如图 6-90 所示。这样操作是为了让"部件_2"与 Euro Pallet 组合在一起，移动"部件_2"时，Euro Pallet 也会跟着一起移动。

❾ 此时将弹出"更新位置"对话框，询问是否希望更新 Euro Pallet 的位置。单击"否"按钮，如图 6-91 所示。

图 6-90

图 6-91

⓾ 重复上述操作中的❺～❾，为另一端的 Euro Pallet（托盘）创建、放置盖板。效果如图 6-92 所示。

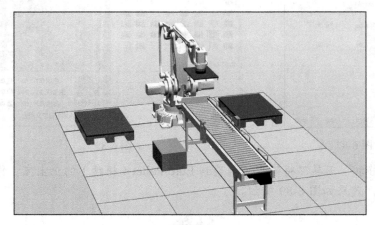

图 6-92

⓫ 为了让工作站变得更加形象，还可以导入护栏、控制器等。导入后的效果如图 6-93 所示。

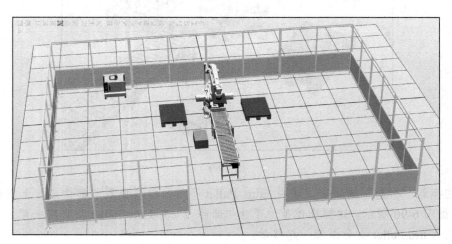

图 6-93

6.2.2　设置输送链的产品源

❶ 选择"建模"→"Smart 组件"，再次创建一个 Smart 组件。在"布局"选项卡中，右键单击新创建的 Smart 组件，在弹出的快捷菜单中选择"重命名"命令，将其重命名为 GKB_SCcarrier chain。

❷ 切换到 GKB_SCcarrier chain 选项卡，选择"添加组件"→"动作"→Source，如图 6-94 所示。

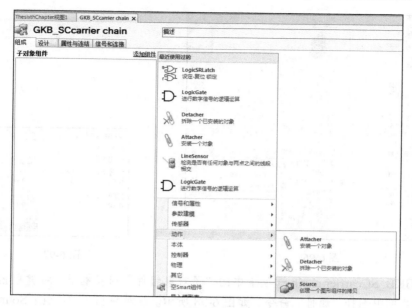

图 6-94

❸ 使用"移动"工具 将要输送的产品拖动到输送链上，如图 6-95 所示。

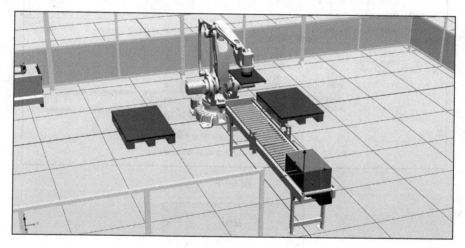

图 6-95

❹ 由前面的内容可知，在产品被吸盘取走后，输送链的前端会再次产生产品，循环往复。在默认情况下，复制的产品将放置在本地坐标系原点相对于大地坐标系 Position 的位置。为了在复制产品时，能够将其放置在输送链的前端，应为"部件_1"设定本地原点，即重新定位本地的坐标系统。右键单击"部件_1"，在弹出的快捷菜单中选择"修改"→"设定本地原点"命令，如图 6-96 所示，出现"设置本地原点：部件_1"选项卡。在"参考"下拉列表中选择"大地坐标"，将"位置 X、Y、Z"下的数值均设为 0；单击"应用"按钮后，单击"关闭"按钮，如图 6-97 所示。此时，在大地坐标下，"部件_1"所在的位置就是 X、Y、Z 均为 0 的位置。

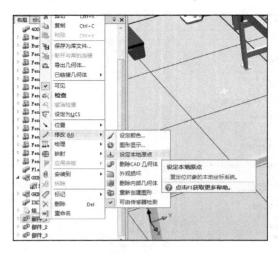

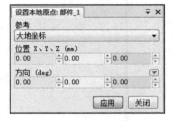

图 6-96   图 6-97

❺ 在 GKB_SCcarrier chain 选项卡中的"子对象组件"列表框下，右键单击 Source，在弹出的快捷菜单中选择"属性"命令，如图 6-98 所示。此时将出现"属性：Source"选项卡，如图 6-99 所示。

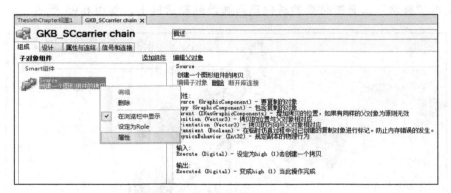

图 6-98

图 6-99

❻ 参数设置完成后，单击"应用"按钮和"关闭"按钮。至此，输送链的产品源设置完成。

需要强调的是，图 6-99 中的部分选项较为重要，对其说明如表 6-2 所示。

表 6-2

选项名称	描　述
Source	在收到 Execute 输入信号时复制的对象，即每触发一次，都会自动产生一个复制品
Parent	指定要复制的父对象，如果未指定，则将复制与源对象（Source）相同的父对象
Position	指定复制品相对于其父对象的放置位置
Orientation	指定复制品相对于其父对象的放置方向
Transient	如果在仿真时进行了复制，则将其标识为瞬时的。这样的复制不会被添加至撤销队列中，并且可在仿真停止时被自动删除，从而避免在仿真过程中过分消耗内存
Execute	若输出信号 Execute，则表示复制已完成

6.2.3　设置输送链的运动属性

❶ 切换到 GKB_SCcarrier chain 选项卡，选择"添加组件"→"其他"→Queue，如图 6-100 所示。Queue 组件可以将同类物体作为组进行批量处理。在这里暂时不需要设置 Queue 的属性，仅添加一个 Queue 组件即可。

❷ 选择"添加组件"→"本体"→LinearMover，添加一个 LinearMover 组件。此时将出现"属性：LinearMover"选项卡。参数设置如图 6-101 所示，单击"应用"按钮。至此，输送链的运动属性设置完成。

图 6-100

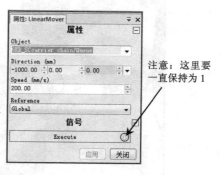

注意：这里要一直保持为 1

图 6-101

需要强调如下几点：

● 因为这里需要移动的不是一个固定的组件，所以可设置对象作为组进行批量处理（Queue），即将 Object 设为"移动的对象/Queue"。

- 移动方向应为朝向工业机器人。在默认情况下，移动方向与大地坐标系或世界坐标系（Global）X 轴的负方向一致，所以在 Direction 下的第一个输入框中输入-1000（不一定非要输入-1000，只要是负值即可，这里的数值并不决定运动长度）。
- Execute 置为 1 的目的是保持移动状态，但能否移动，还是由 Queue 控制的：开始移动（Enqueue）与停止移动（Dequeue）。

对"属性：LinearMover"选项卡中的重要选项说明如表 6-3 所示。

表 6-3

选项名称	描　　述
Object	指定要移动的对象
Direction	指定要移动对象的方向
Speed	指定移动速度
Reference	指定参考坐标系，可以是 Global、Local 或 Object
ReferenceObject	如果将 Reference 设置为 Object，则出现此选项，表示指定参考对象
Execute	当 Execute 为 True 时，开始移动对象；当 Execute 为 False 时，停止移动对象

由此可知，LinearMover 会按 Speed 指定的速度，沿着 Direction 指定的方向，移动在 Object 中指定的对象。当 Execute 为 True（1）时，开始移动对象；当 Execute 为 False（0）时，停止移动对象。

6.2.4　设置输送链的限位传感器

❶ 选择"添加组件"→"传感器"→PlaneSensor（面传感器），此时将出现"属性：PlaneSensor"选项卡。

❷ 添加完成之后，为了设置传感器的位置，请将视图切换到"ThesixthChapter 视图 1"，并将视角调整到如图 6-102 所示的状态，依次选择"捕捉部件"工具和"捕捉末端"工具。

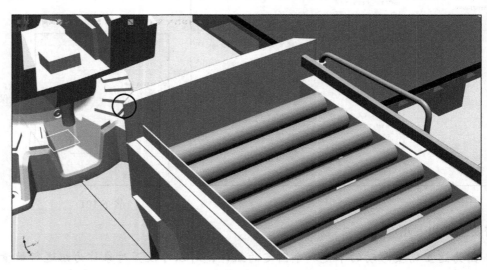

图 6-102

❸ 在"属性：PlaneSensor"选项卡中，单击 Origin 下的数值框（Origin 决定了传感器整体的位置，Axis1 与 Axis2 的值是相对原点设定的，三个点组成一个平面），直至光标闪动。将光标移到输送链的末端角点，在出现灰色小球时单击鼠标。此时，在 Origin 下的数值框内将出现选中点的位置坐标。

❹ 为了使传感器更容易发现产品，应对"属性：PlaneSensor"选项卡中的参数进行设置（见图 6-103）：将 Origin（原点）下的第一个输入框（X）中的数值增大一些，这样传感器就会整体向 X 的正方向偏移一定的距离；经测量，Z 的长度为 95mm（原点到上面端点的距离），也将 Z 适当增大，设置为 100mm；Y 的长度为 480（原点到右边端点的距离）。填写完毕后，单击"应用"按钮。此时，传感器已创建，效果如图 6-104 所示。

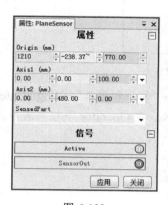

图 6-103

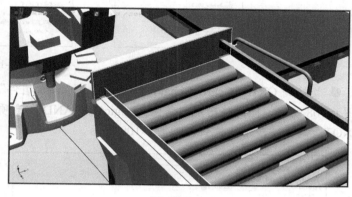

图 6-104

❺ 因不想让传感器检测到输送链，所以在这里右键单击输送链，在弹出的快捷菜单中选择"修改"→"可由传感器检测"命令（在默认情况下，系统已经选中"可由传感器检测"，再次选择后，即可将输送链设置为不可由传感器检测），如图 6-105 所示。

图 6-105

❻ 为了方便处理输送链，在"布局"选项卡中，将 400_guide 拖放在 GKB_SCcarrier chain 中，分别如图 6-106 和图 6-107 所示。

图 6-106　　　　　　　　　　　图 6-107

❼ 切换到 GKB_SCcarrier chain 选项卡，选择"添加组件"→"信号和属性"→LogicGate，如图 6-108 所示。此时将出现"属性：LogicGate[AND]"选项卡。在 Operator 下拉列表中选择 NOT，单击"应用"按钮，如图 6-109 所示。

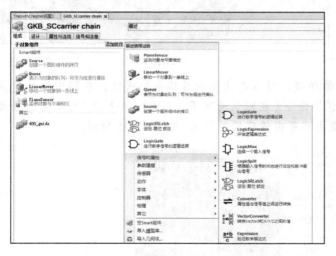

图 6-108　　　　　　　　　　　图 6-109

注意：设置这个非门的目的是产品在输送链末端被动态吸盘取走之后，传感器的输出信号会产生由 1 到 0 的变化，而复制产品的动作需要信号为 1 时才能开始执行，所以在这里添加非门，用于将信号 0 转换成需要的信号 1。

6.2.5　设置"属性与连结"选项卡

❶ 切换到"属性与连结"选项卡，单击"添加连结"，弹出"添加连结"对话框。

❷ 进行如图 6-110 所示的参数设置后，单击"确定"按钮（此步骤的目的是为了将复制的产品加入队列）。

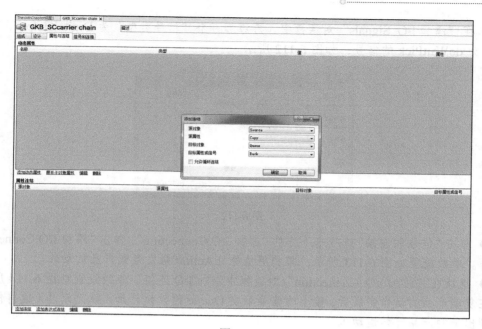

图 6-110

6.2.6　设置"信号和连接"选项卡

❶ 切换到"信号和连接"选项卡，单击"添加 I/O Signals"，弹出"添加 I/O Signals"对话框。

❷ 在"添加 I/O Signals"对话框中，添加一个"信号类型"为 DigitalInput、"信号名称"为 diAction 的信号，用于启动输送链，如图 6-111 所示。

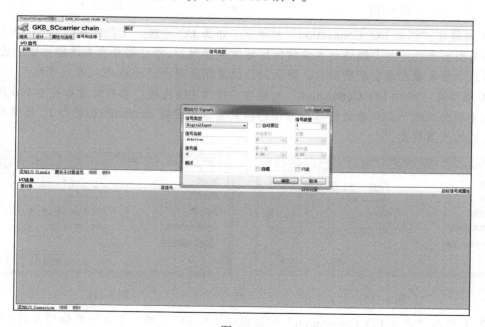

图 6-111

❸ 在"添加 I/O Signals"对话框中，再添加一个"信号类型"为 DigitalOutput、"信号名称"为 doWaitPick 的信号，如图 6-112 所示。

图 6-112

❹ 单击"信号和连接"选项卡下方的"添加 I/O Connection"，弹出"添加 I/O Connection"对话框。参数设置如图 6-113 所示，即利用信号 diAction 触发复制产品的动作。

❺ 继续在"添加 I/O Connection"对话框中添加 I/O 连接。参数设置如图 6-114 所示，表示在复制产品的动作完成后，输出的信号触发 Queue 组件执行加入队列动作（这样做可以使复制出来的产品开始运动）。

图 6-113   图 6-114

❻ 继续在"添加 I/O Connection"对话框中添加 I/O 连接。参数设置如图 6-115 所示，表示在复制出来的产品与输送链末端的传感器发生接触后，传感器将自身的输出信号置为 1，并利用这个信号触发退出队列动作，即队列里的复制品自动退出队列、停止移动。

❼ 继续在"添加 I/O Connection"对话框中添加 I/O 连接。参数设置如图 6-116 所示，表示在复制出来的产品与输送链末端的传感器发生接触后将 doWaitPick 置为 1，等待动态吸盘将复制的产品取走。

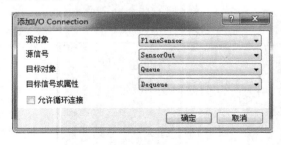

图 6-115   图 6-116

❽ 继续在"添加 I/O Connection"对话框中添加 I/O 连接。参数设置如图 6-117 所示，

表示将传感器的输出信号与非门连接，例如，在产品被取走后，传感器的信号为 0，非门的输出信号为 1。

❾　继续在"添加 I/O Connection"对话框中添加 I/O 连接。参数设置如图 6-118 所示，表示利用非门的输出信号触发 Source 的执行，实现的效果为在产品被取走后，再次执行复制产品的动作。

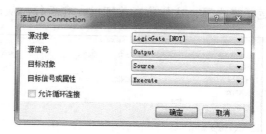

图 6-117　　　　　　　　　　　　　　　　图 6-118

设置完成后的"信号和连接"选项卡如图 6-119 所示。

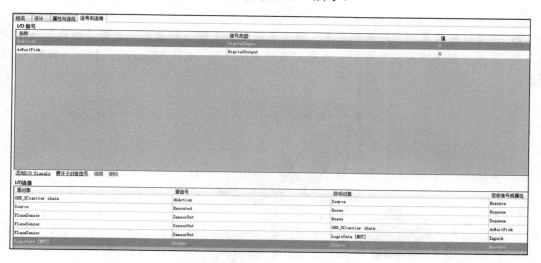

图 6-119

6.2.7　仿真运行

❶　选择"仿真"→"仿真设定"，弹出"仿真设定"选项卡，如图 6-120 所示。

图 6-120

❷ 选中"控制器"下的 System322，并在右侧的"System322 的设置"下，选中"连续"单选按钮，如图 6-121 所示。由于进行输送链仿真时必须在仿真模式下进行，在默认情况下，仿真模式运行的是主程序中的子程序，但我们没有为主程序编程，所以在"单个周期"的运行模式下进行仿真运行时，就会出现刚一开始仿真就会立即停止，即一瞬间完成运行的情况，从而不会提供足够长的时间测试输送链组件是否正常。此时可让工业机器人程序处于"连续"运行模式下，这样仿真就可以一直运行，从而获得足够长的时间测试输送链组件。

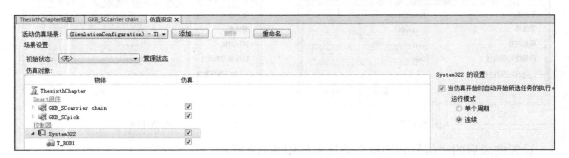

图 6-121

❸ 切换到如图 6-122 所示的视角，使自己能够看见整个输送链。选择"仿真"→"I/O仿真器"，在右侧出现的选项卡中，设置"选择系统"为 GKB_SCcarrier chain，如图 6-123所示。

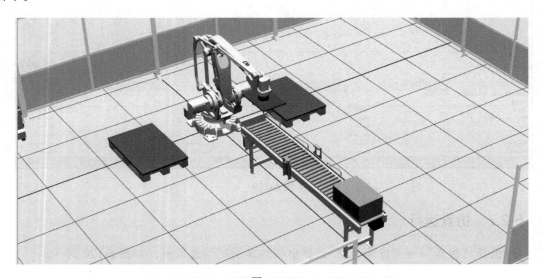

图 6-122

❹ 选中"仿真"→"播放"，开始仿真运行。在仿真开启之后，观察是否从输送链复制一个产品，如果已经复制产品，则直接观察仿真效果；如果没有复制产品，则在图 6-123 中，设置 diAction 信号为 1（让组件直接复制出一个产品）并观察仿真效果。

❺ 产品匀速向输送链末端移动。在产品到达输送链末端后停止移动，设置 doWaitPick为 1，如图 6-124 和图 6-125 所示。注意：如果产品在到达输送链末端后未停止移动，则请检查"属性：PlaneSensor"选项卡中的 Active 是否被置为 1（激活），并且打开"属性：Queue"

选项卡,通过单击 Clear 按钮清空队列,删除多余的部件(但不要删除组件 Source,组件 Source 是复制源,若将其删除,后面就不再复制了)。

图 6-123

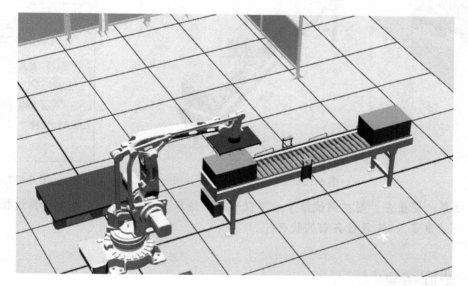

图 6-124

图 6-125

❻ 利用"移动"工具  将到达输送链末端的产品提起，此时产品的复制品开始向输送链末端移动，并且产生一个新的复制品。效果如图 6-126 所示。"GKB_SCcarrier chain 个信号"选项卡中的参数设置如图 6-127 所示。

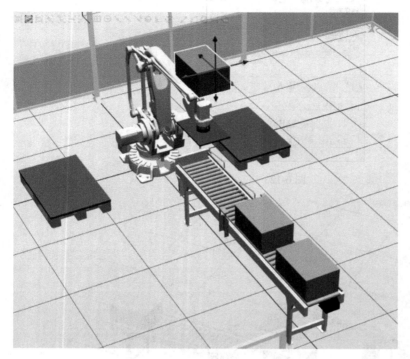

图 6-126　　　　　　　　　　　　　　　　　　　　图 6-127

❼ 如果一切正常，则在测试结束后可以选择"仿真"→"停止"，停止仿真过程；选择"仿真"→"重置"，恢复仿真前的状态。

6.3　关联信号

在进行仿真时，往往要与工业机器人系统中的信号进行关联。下面就来学习如何关联工业机器人系统的输入/输出信号［需要提前创建好工业机器人系统的输入信号（两个输入信号）与输出信号（一个输出信号）］。关于创建 I/O 板与信号的相关知识，请参考"智能制造高技能人才培养规划丛书"中的《ABB 工业机器人实操与应用技巧》，这里不再进行过多讲解。

❶ 选择"仿真"→"工作站逻辑"，出现"工作站逻辑"选项卡。打开"工作站逻辑"选项卡下的"信号和连接"选项卡，如图 6-128 所示。

❷ 将工业机器人系统的输出信号 do32 与吸盘 Smart 组件的输入信号 GKB_di0 关联起来，操作方法：单击"信号和连接"选项卡下方的"添加 I/O Connection"，弹出"添加 I/O Connection"对话框。参数设置如图 6-129 所示。这样工业机器人系统就可以控制吸盘组件的动作了。需要注意的是，一般情况下，SystemXX 是工业机器人系统的默认名称。

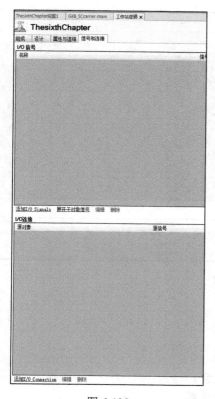

图 6-128

图 6-129

❸ 将吸盘 Smart 组件的输出信号 **GKB_do0** 与工业机器人系统的输入信号 **di0** 关联起来，操作方法：在"添加 I/O Connection"对话框中，进行如图 6-130 所示的参数设置。

❹ 将输送链末端传感器对应的组件输出信号 **doWaitPick** 与工业机器人系统的输入信号 **di1** 关联起来，以方便工业机器人系统知道被传送的产品是否到达预定位置（如果到达预定位置，则会反馈给 di1 信号值 1）。操作方法：在"添加 I/O Connection"对话框中，进行如图 6-131 所示的参数设置。

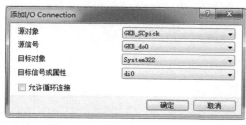

图 6-130

图 6-131

❺ 设置完成后的"信号和连接"选项卡如图 6-132 所示。此时就可以通过工业机器人系统的输出信号控制工作站中的 Smart 组件了。

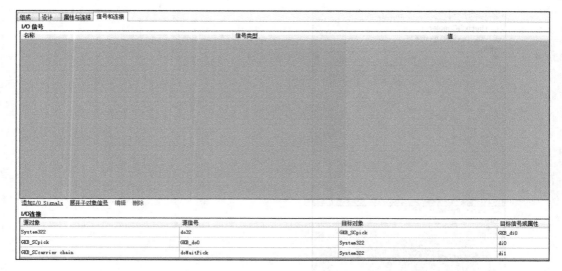

图 6-132

知识点练习

❶ 通过 Smart 组件创建工业机器人的动态吸盘。

❷ 通过 Smart 组件创建工业机器人的动态输送链。

❸ 将工作站信号与工业机器人系统的输入/输出信号关联起来。

进阶篇

第 7 章

实战：搭建工业机器人码垛仿真工作站

【学习目标】
- 掌握如何解包工作站
- 掌握为夹具添加动态效果的方法
- 掌握为传送带添加动态效果的方法

利用工业机器人代替人工码垛是工业机器人在工业生产中的常见应用。下面就以工业机器人实训平台为例讲解如何搭建码垛仿真工作站。

7.1 解包工作站

❶ 按照如图 7-1 所示方式解压缩本书配套的压缩包 BookFile.zip，并打开里面的 Station 文件夹。右键单击 GKB_Station.rspag，在弹出的快捷菜单中选择"打开方式"命令，如图 7-2 所示。

图 7-1

图 7-2

❷ 此时将弹出"打开方式"对话框，选中其中的 RobotStudio 6.07.01，单击"确定"按钮，如图 7-3 所示。

图 7-3

❸ 弹出解包向导的系列对话框，如图 7-4 所示，单击"下一个"按钮。

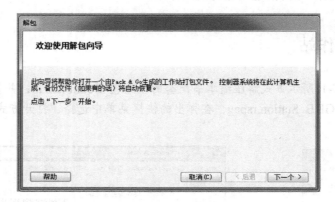

图 7-4

❹ 弹出如图 7-5 所示的对话框，单击"下一个"按钮。

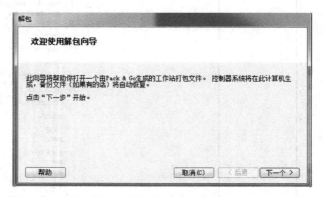

图 7-5

❺ 弹出如图 7-6 所示的对话框，通过单击"浏览"按钮设置"选择要解包的 Pack&Go 文件"选项和"目标文件夹"选项，单击"下一个"按钮。

图 7-6

❻ 弹出如图 7-7 所示的对话框，选中"从 Pack&Go 包加载文件"单选按钮，单击"下一个"按钮。

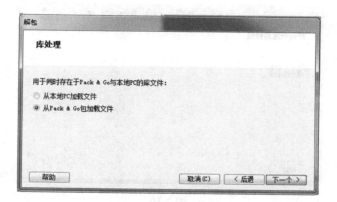

图 7-7

❼ 弹出如图 7-8 所示的对话框，在 RobotWare 下选择 6.07.01.00，选中"自动恢复备份文件"复选框，单击"下一个"按钮。

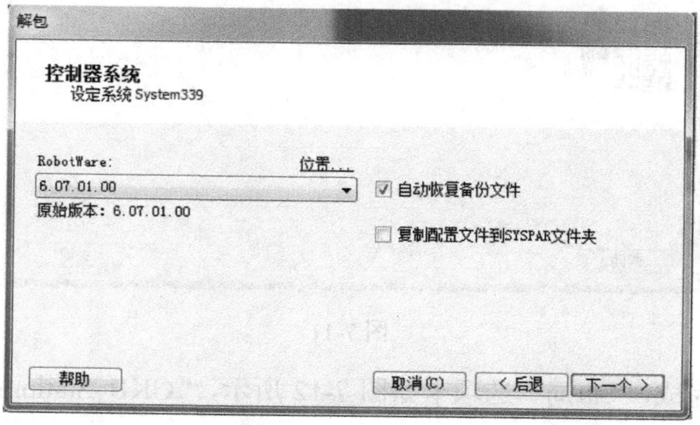

图 7-8

❽ 弹出如图 7-9 所示的对话框，可以看到"解包已准备就绪"的提示信息，单击"完成"按钮。

图 7-9

❾ 此时将出现如图 7-10 所示的对话框。在等待一段时间后，弹出如图 7-11 所示的对话框，出现"解包完成"的提示信息，单击"关闭"按钮。

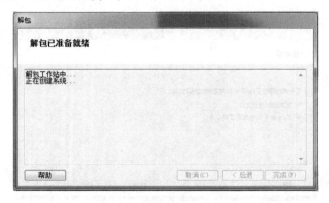

图 7-10

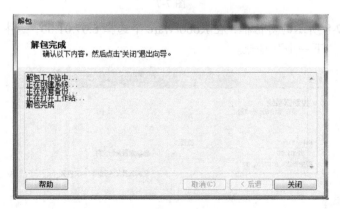

图 7-11

至此，解包已完成，"布局"选项卡如图 7-12 所示，"GKB_Station：视图 1"选项卡如图 7-13 所示。

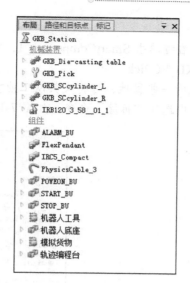

图 7-12

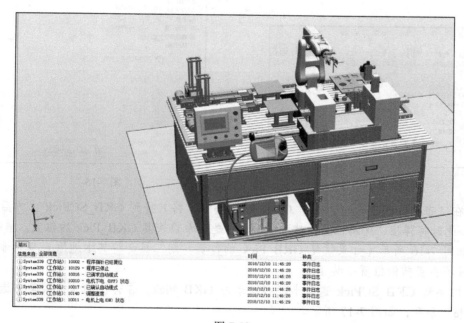

图 7-13

7.2　为夹具添加动态效果

为了在夹具仿真时能够更加真实，所以将为夹具添加动态效果。

7.2.1　创建 Smart 组件

❶ 选择"建模"→"Smart 组件"，创建一个 Smart 组件（SmartComponent_1），如

图 7-14 所示。

❷ 在"布局"选项卡中,右键单击 SmartComponent_1,在弹出的快捷菜单中选择"重命名"命令,将其重命名为 GKB_SCPick。

❸ 为了方便组件继承夹具的一些属性,可将夹具从工业机器人法兰上拆除:右键单击 GKB_Pick,在弹出的快捷菜单中选择"拆除"命令,如图 7-15 所示。

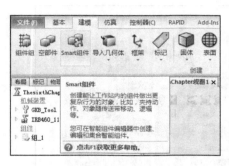

图 7-14   图 7-15

❹ 在"布局"选项卡中,选中 GKB_Pick 不放,将其拖到 GKB_SCPick 上方后松开鼠标左键。此时将弹出"更新位置"对话框,询问是否希望恢复 GKB_Pick 的位置。单击"否"按钮,如图 7-16 所示(如果恢复 GKB_Pick 的位置,则工具会将其本地原点与大地坐标系重合,且不在目前的位置安装了)。

❺ 切换到 GKB_SCPick 选项卡,右键单击 GKB_Pick,在弹出的快捷菜单中选择"设定为 Role"命令,如图 7-17 所示。

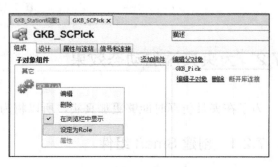

图 7-16   图 7-17

❻ 在"布局"选项卡中，选中 GKB_SCPick 不放，将其拖到 IRB120_3_58_01_1（工业机器人）上方后松开鼠标左键，如图 7-18 所示。此时将弹出"更新位置"对话框，询问是否希望更新 GKB_SCPick 的位置。单击"否"按钮，如图 7-19 所示。

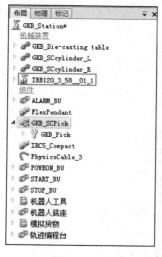

图 7-18

图 7-19

❼ 弹出"Tooldata 已存在"对话框，询问是否将工具数据替换，单击"是"按钮，如图 7-20 所示。

❽ 切换到 GKB_SCPick 选项卡，选择"添加组件"→"传感器"→LineSensor（线传感器），如图 7-21 所示。此时将出现"属性：LineSensor"选项卡。

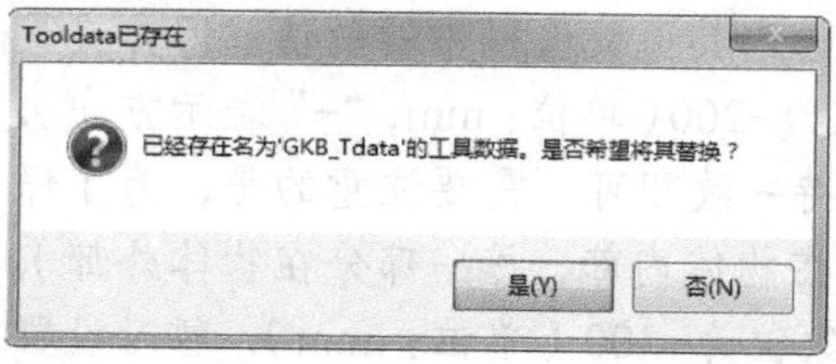

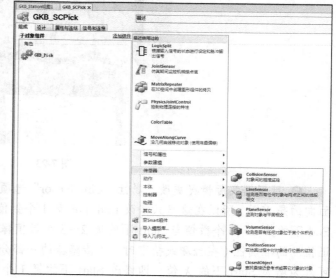

图 7-20

图 7-21

❾ 切换到"GKB_Station：视图 1"选项卡，调整到如图 7-22 所示的视角。选择"捕捉中心"工具 ⊚，单击"属性：LineSensor"选项卡中 Start 下的数值框，直至光标闪动。将光

标放在如图 7-22 所示的表面中心，在表面中心出现灰色小球时单击鼠标左键，放大后的效果如图 7-23 所示。此时，在 Start 下的数值框内将出现选中点的位置坐标。

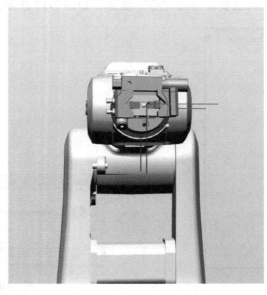

图 7-22

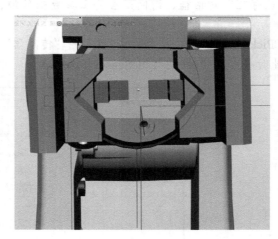

图 7-23

❿ 可根据实际情况更改"属性：LineSensor"选项卡中其他数值框中的数值。因为夹具面向的是 X 轴，所以在这里只修改 End 下的第 1 个数值为−200（单位：mm，"−"表示方向），End 下的第 2～3 个数值与 Start 下的第 2～3 个数值保持一致即可。需要注意的是，为了保证检测的准确性（在检测或拾取时，该传感器的一部分在物体内部，另一部分在物体外部），可人为增大 Start 下的 X 值，即修改 Start 下的第 1 个数值为−300（单位：mm），暂时设置 Active 为 1。设置完成后，单击"应用"按钮，如图 7-24 所示。

⓫ 切换到 GKB_SCPick 选项卡，选择"添加组件"→"本体"→PoseMover，如图 7-25 所示。

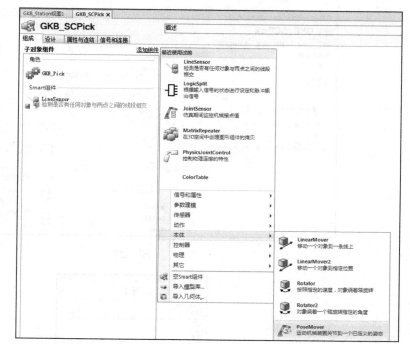

图 7-24   图 7-25

⑫ 利用同样的方式再添加一个 PoseMover 组件（ PoseMover_2[0] ），效果如图 7-26 所示。

图 7-26

⑬ 选择"添加组件"→"信号和属性"→LogicGate，如图 7-27 所示。此时将出现"属性：LogicGate[AND]"选项卡，在 Operator 下将 AND（与门）更改成 NOT（非门），如图 7-28 所示。

⑭ "添加组件"→"信号和属性"→LogicSRLatch，添加一个 LogicSRLatch 组件，如图 7-29 所示。继续选择"添加组件"→"动作"→Attacher，以及"添加组件"→"动作"→Detacher，添加一个 Attacher 组件和 Detacher 组件，如图 7-30 所示。

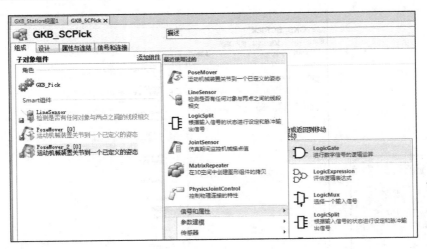

图 7-27

图 7-28

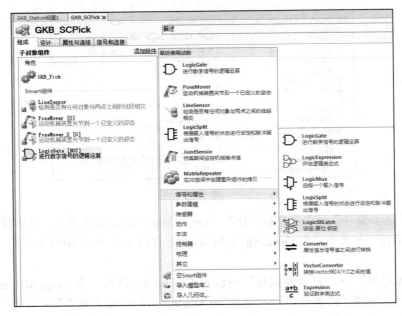

图 7-29

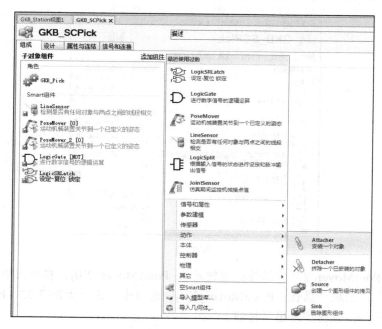

图 7-30

⓯ 为了使仿真效果更加逼真，特在这次仿真中添加 SoundPlayer 组件（用于播放效果音）：选择"添加组件"→"其他"→SoundPlayer，如图 7-31 所示。

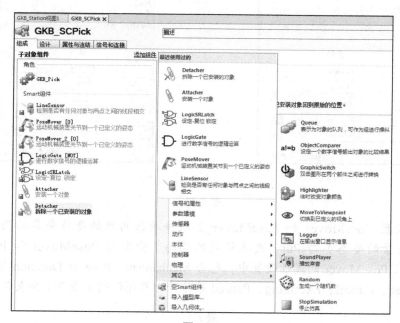

图 7-31

⓰ 设置 PoserMover 的属性：右键单击 PoserMover[0]，在弹出的快捷菜单中选择"属性"命令，如图 7-32 所示，出现"属性：PoserMover[0]"选项卡。进行如图 7-33（a）所示的参数设置。设置完成后，单击"应用"按钮。

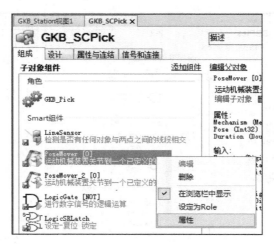

图 7-32

❶ 设置 "PoseMover_2" 的属性：右键单击 PoserMover_2[0]，在弹出的快捷菜单中选择 "属性" 命令，出现 "属性：PoserMover_2[0]" 选项卡。进行如图 7-33（b）所示的参数设置。设置完成后，单击 "应用" 按钮。

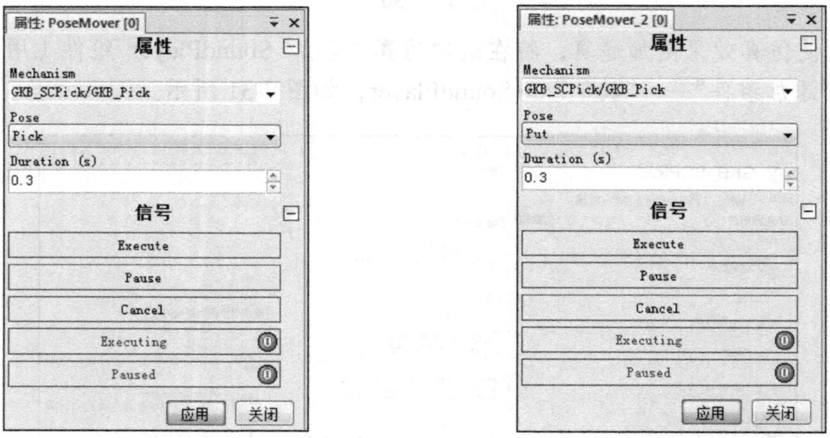

（a）

（b）

图 7-33

注意：设置 PoseMover 和 PoseMover_2 组件属性的目的是将夹具的两个姿态，即 Pick（夹爪夹紧的姿态）与 Put（夹爪释放的姿态）分别与 PoseMover 和 PoseMover_2 关联起来。在 PoseMover 的属性设置中，包含 Mechanism、Pose 和 Duration 等属性，以及 Execute、Pause、Cancel、Executing、Paused 等信号。具体说明如表 7-1 和表 7-2 所示。

表 7-1

属　　性	描　　述
Mechanism	指定要进行移动的机械装置
Pose	指定要移动到的姿势
Duration	指定机械装置移到指定姿态的时间（单位：秒）

表 7-2

信　号	描　述
Execute	若设为 True，则开始或重新开始移动机械装置
Pause	暂停动作
Cancel	取消动作
Executing	在运动过程中为 1
Paused	暂停时为 1

⑱ 关联 SoundPlayer 组件的声音文件（必须为 WAV 格式文件）：在 GKB_SCPick 选项卡的最下方单击"添加 Asset"，弹出"打开"对话框，如图 7-34 所示。依次选择 BookFile→"声音"→"夹爪"→"气缸.wav"，即打开"气缸.wav"文件。

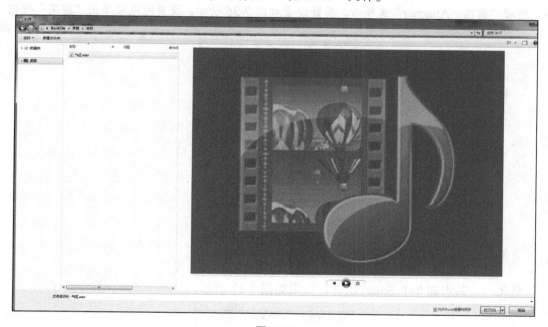

图 7-34

⑲ 设置 SoundPlayer 组件的属性：右键单击 SoundPlayer，在弹出的快捷菜单中选择"属性"命令，出现"属性：SoundPlayer[]"选项卡。在 SoundAsset 下拉列表中选中刚打开的"气缸.wav"文件，如图 7-35 所示。设置完成后单击"应用"按钮。

图 7-35

注意：在 SoundPlayer 的属性设置中，包含 SoundAsset 属性，以及 Execute 信号。具体说明如表 7-3 和表 7-4 所示。

表 7-3

属　　性	描　　述
SoundAsset	指定要播放的声音文件，必须为 WAV 文件

表 7-4

信　　号	描　　述
Execute	当该信号为 1 时播放声音文件

❷⓪ 设置 Attacher 组件的属性：右键单击 Attacher，在弹出的快捷菜单中选择"属性"命令，出现"属性：Attacher"选项卡。参数设置如图 7-36 所示。设置完成后单击"应用"按钮。

图 7-36

至此，一共添加 8 个 Smart 组件，效果如图 7-37 所示。

图 7-37

7.2.2　设置"属性与连结"选项卡

❶ 切换到"属性与连结"选项卡，单击最下方的"添加连结"，弹出"添加连结"对话框。

❷ 按照如图 7-38 所示的参数设置"添加连结"对话框，单击"确定"按钮。再按照如图 7-39 所示的参数设置"添加连结"对话框，单击"确定"按钮。

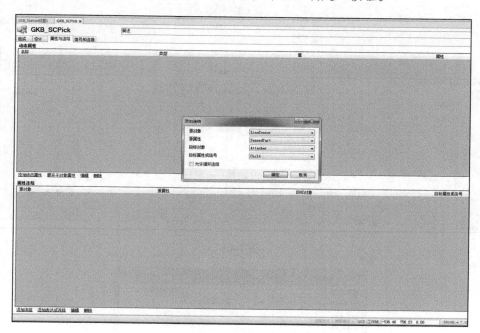

图 7-38

图 7-39

7.2.3　设置"信号和连接"选项卡

❶ 切换到"信号和连接"选项卡，单击"添加 I/O Signals"，弹出"添加 I/O Signals"对话框。

❷ 在"添加 I/O Signals"对话框中，添加一个"信号类型"为 DigitalInput、"信号名称"为 PICK_DI0 的信号，如图 7-40 所示。设置完成后单击"确定"按钮。

❸ 继续单击"添加 I/O Signals"，在弹出的"添加 I/O Signals"对话框中，添加一个"信号类型"为 DigitalOutput、"信号名称"为 PICK_DO0 的信号，如图 7-41 所示。设置完成后单击"确定"按钮。

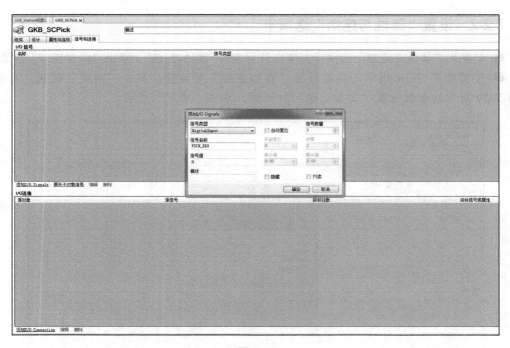

图 7-40

图 7-41

❹ 单击"信号和连接"选项卡下方的"添加 I/O Connection",弹出"添加 I/O Connection"对话框。参数设置如图 7-42 所示,表示当 PICK_DI0 置为 1 时,触发线传感器开始检测。

❺ 继续在"添加 I/O Connection"对话框中添加 I/O 连接。参数设置如图 7-43 所示,表示当 PICK_DI0 被置为 1 时,将机械装置调整到 PoseMover[Pick]姿态。

图 7-42

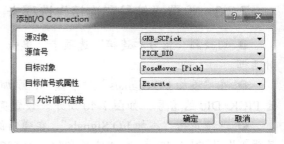

图 7-43

❻　继续在"添加 I/O Connection"对话框中添加 I/O 连接。参数设置如图 7-44 所示，表示当 PICK_DI0 被置为 1 时，播放声音文件"气缸.wav"。

❼　继续在"添加 I/O Connection"对话框中添加 I/O 连接。参数设置如图 7-45 所示，表示将 PICK_DI0 的当前状态发送至逻辑非门进行运算。

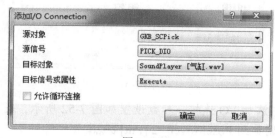

图 7-44

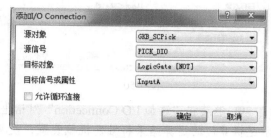

图 7-45

❽　继续在"添加 I/O Connection"对话框中添加 I/O 连接。参数设置如图 7-46 所示，表示当线传感器检测到物体时，Attacher 组件开始执行安装操作。

❾　继续在"添加 I/O Connection"对话框中添加 I/O 连接。参数设置如图 7-47 所示，表示将逻辑非门的运算结果与 Detacher 组件的拆除动作关联起来。

图 7-46

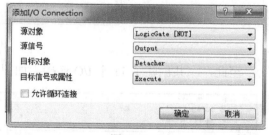

图 7-47

❿　继续在"添加 I/O Connection"对话框中添加 I/O 连接。参数设置如图 7-48 所示，表示将逻辑非门的运算结果与 SoundPlayer 组件的播放声音文件操作关联起来。

⓫　继续在"添加 I/O Connection"对话框中添加 I/O 连接。参数设置如图 7-49 所示，表示在 Attacher 组件完成安装操作后，对 LogicSRLatch 组件进行置位操作。

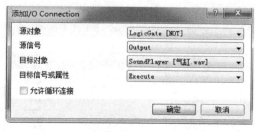

图 7-48

图 7-49

⓬　继续在"添加 I/O Connection"对话框中添加 I/O 连接。参数设置如图 7-50 所示，表示在 Detacher 组件完成拆除操作后，对 LogicSRLatch 组件进行复位操作。

⓭　继续在"添加 I/O Connection"对话框中添加 I/O 连接。参数设置如图 7-51 所示，表

示将 GKB_SCPick 组件的整体输出与 PICK_DO0 信号关联起来。

图 7-50　　　　　　　　　　　　　　　　　　图 7-51

⓮ 继续在"添加 I/O Connection"对话框中添加 I/O 连接。参数设置如图 7-52 所示，表示逻辑非门的运算结果将触发机械装置，使其调整到 PoseMover_2 [Put]姿态。

图 7-52

至此，一共创建了 11 个 I/O 连接，如图 7-53 所示。

I/O信号			
名称	信号类型		值
PICK_DI0	DigitalInput		0
PICK_DO0	DigitalOutput		0

添加I/O Signals　展开子对象信号　编辑　删除

I/O连接			
源对象	源信号	目标对象	目标信号或属性
GKB_SCPick	PICK_DI0	LineSensor	Active
GKB_SCPick	PICK_DI0	PoseMover [Pick]	Execute
GKB_SCPick	PICK_DI0	SoundPlayer [吸气1.wav]	Execute
GKB_SCPick	PICK_DI0	LogicGate [NOT]	InputA
LineSensor	SensorOut	Attacher	Execute
LogicGate [NOT]	Output	Detacher	Execute
LogicGate [NOT]	Output	SoundPlayer [吸气1.wav]	Execute
Attacher	Executed	LogicSRLatch	Set
Detacher	Executed	LogicSRLatch	Reset
LogicSRLatch	Output	GKB_SCPick	PICK_DO0
LogicGate [NOT]	Output	PoseMover_2 [Put]	Execute

图 7-53

7.2.4　仿真运行

下面开始检测夹具是否可实现预期效果，操作步骤如下。

❶ 切换到"GKB_Station：视图 1"选项卡，复制一个大货物（大货物在模拟货物组内部）放在如图 7-54 所示的位置（圆圈标记）。

图 7-54

❷ 利用"手动关节"工具 和"手动线性"工具 将工业机器人调整至如图 7-55 所示的姿态。

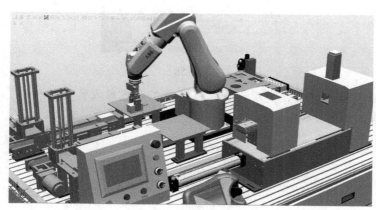

图 7-55

❸ 选择"仿真"→"I/O 仿真器"，此时将出现"System339 个信号"选项卡。设置"选择系统"为 GKB_SCPick，如图 7-56 所示。

❹ 此时的"System339 个信号"选项卡已显示为"GKB_SCPick 个信号"选项卡，将 PICK_DI0 置为 1，如图 7-57 所示。

❺ 在将 PICK_DI0 置为 1 后，发现 PICK_DO0 也跟着置为 1，这就说明夹具已检测到大货物，并且已有抓取反馈信号。注意：如果在将 PICK_DI0 置为 1 之后，夹具所夹取的大货物位置发生变化，则右键单击 Detacher，在弹出的快捷菜单中选择"属性"命令，出现"属性：Detacher"选项卡，检查是否选中 KeepPosition 复选框。若未选中，则选中该复选框即可，如

图 7-58 所示。

图 7-56   图 7-57

图 7-58

❻ 拖动工业机器人移动，发现大货物也跟着工业机器人的夹具移动，说明其夹取动作已能正常工作，如图 7-59 所示。

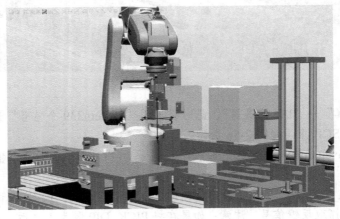

图 7-59

❼ 将工业机器人调整至如图 7-60 所示的姿态，并将 PICK_DI0 置为 0，如图 7-61 所示。

图 7-60

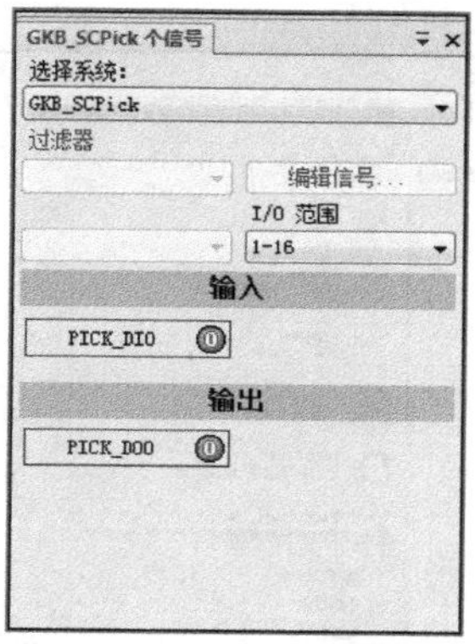

图 7-61

❽ 再将工业机器人移开，发现大货物已被放下，如图 7-62 所示。至此，仿真过程结束，检测夹具可实现预期效果。

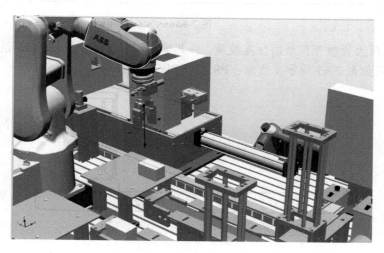

图 7-62

7.3 为传送带添加动态效果

在搭建工业机器人码垛仿真工作站的过程中，为传送带添加动态效果是至关重要的一个环节。下面就来为传送带添加动态效果。

7.3.1 创建 Smart 组件

❶ 选择"建模"→"Smart 组件"，创建一个 Smart 组件（SmartComponent_1）。

❷ 在"布局"选项卡中，右键单击 SmartComponent_1，在弹出的快捷菜单中选择"重命名"命令，将其重命名为 GKB_SCConveyerbelt_L。

❸ 切换到 GKB_SCConveyerbelt_L 选项卡，选择"添加组件"→"传感器"→PlaneSensor（面传感器），如图 7-63 所示。

图 7-63

❹ 为了达到大货物可移动的仿真效果，一共需要添加 4 个 PlaneSensor 组件，如图 7-64 所示，参数说明如图 7-65 所示（注意：PS 代表 PlaneSensor）。

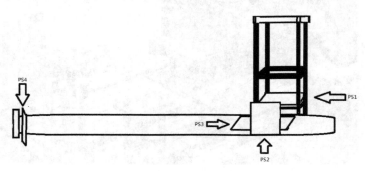

图 7-64

图 7-65

❺ 在"属性：PlaneSensor"选项卡中，单击 Origin 下的数值框，直至光标闪动。将光标移到如图 7-66 所示的基准位置（圆圈标注），在出现灰色小球时单击鼠标。此时，在 Origin 下的数值框内将出现选中点的位置坐标。为了让面传感器更易被发现，可在原参数的基础上加大 Origin 的值（4 个 PlaneSensor 组件的 Origin 值均更改）。修改完毕后单击"应用"按钮，如图 7-67 所示。

图 7-66

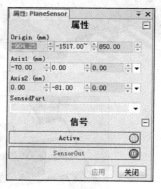

图 7-67

❻ 在"属性：PlaneSensor_2"选项卡中，单击 Origin 下的数值框，直至光标闪动。将光标移到如图 7-68 所示的基准位置（圆圈标注），在出现灰色小球时单击鼠标。此时，在 Origin 下的数值框内将出现选中点的位置坐标。注意，此时使用的是"捕捉末端"工具。参数修改完毕后单击"应用"按钮，如图 7-69 所示。

❼ 在"属性：PlaneSensor_3"选项卡中，单击 Origin 下的数值框，直至光标闪动。将光标移到如图 7-70 所示的基准位置（圆圈标注），在出现灰色小球时单击鼠标。此时，在 Origin 下的数值框内将出现选中点的位置坐标。参数修改后单击"应用"按钮，如图 7-71 所示。

❽ 在设置 PlaneSensor_4（第 4 个面传感器）之前，先将传送带上的大货物设为隐藏，即右键单击大货物，在弹出的快捷菜单中取消选中"可见"，如图 7-72 所示。

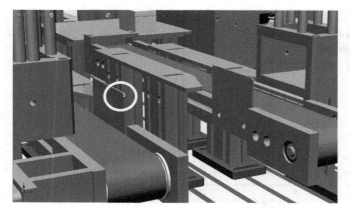

图 7-68

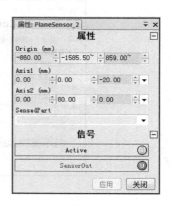

图 7-69

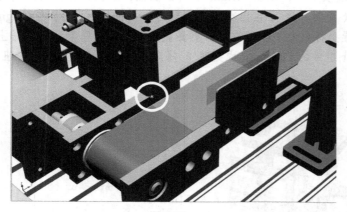

图 7-70

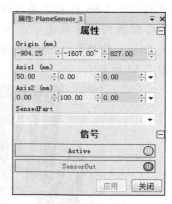

图 7-71

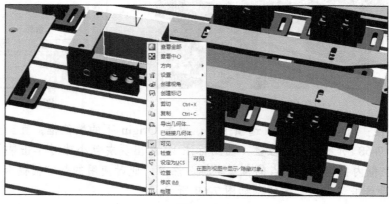

图 7-72

❾ 在"属性：PlaneSensor_4"选项卡中，单击 Origin 下的数值框，直至光标闪动。将光标移到如图 7-73 所示的基准位置（圆圈标注），在出现灰色小球时单击鼠标。此时，在 Origin 下的数值框内将出现选中点的位置坐标。注意，此时使用的是"捕捉末端"工具 。参数修改后单击"应用"按钮，如图 7-74 所示。至此，4 个面传感器的属性设置完成。需要注意的是，这 4 个面传感器的 Active 信号都被置为 1（默认）。

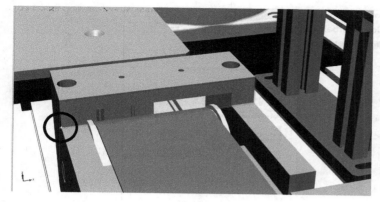

图 7-73

图 7-74

❿ 切换到 GKB_SCConveyerbelt_L 选项卡，选择"添加组件"→"动作"→Source，添加一个 Source 组件，出现"属性：Source"选项卡。

⓫ 将工作站中的大货物移动到如图 7-75 所示（圆圈标注）的位置。

⓬ 切换到"属性：Source"选项卡，在 Source 下拉列表中选择需要复制的物体；在 Position 下选择物体的本地原点，本例中物体的本地原点为大货物的上表面中心。参数设置如图 7-76 所示，单击"应用"按钮。

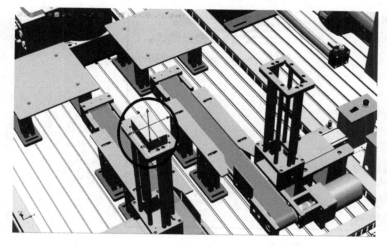

图 7-75

图 7-76

⓭ 切换到 GKB_SCConveyerbelt_L 选项卡，通过选择"添加组件"→"其他"→Queue 的方法添加 4 个 Queue 组件。已添加好的 4 个队列效果如图 7-77 所示。

⓮ 切换到 GKB_SCConveyerbelt_L 选项卡，通过选择"添加组件"→"本体"→LinearMover 的方法添加 4 个 LinearMover 组件。已添加好的效果如图 7-78 所示。

⓯ 设置 4 个 LinearMover 组件的属性，对应 4 个移动方向。参数设置分别如图 7-79～图 7-82 所示。设置完成后单击"应用"按钮。注意：在 4 个 LinearMover 的属性设置中，均设置信号 Execute 为 1。

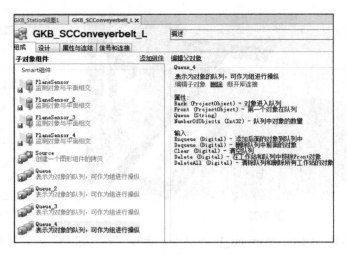

图 7-77

图 7-78

图 7-79

图 7-80

图 7-81　　　　　　　　　　　　　　　　　　　图 7-82

⑯ 切换到 GKB_SCConveyerbelt_L 选项卡，选择"添加组件"→"信号和属性"→ LogicGate，添加 1 个 LogicGate 组件。在出现的"属性：LogicGate[AND]"对话框中，将 Operator 设置为 NOT，如图 7-83 所示。

⑰ 通过选择"添加组件"→"其他"→SoundPlayer 的方法，添加 3 个 SoundPlayer 组件。已添加好的 3 个 SoundPlayer 组件效果如图 7-84 所示。

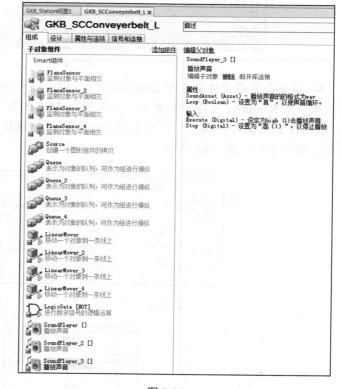

图 7-83　　　　　　　　　　　　　　　　　　　图 7-84

⑱ 添加 3 个声音文件：在 GKB_SCConveyerbelt_L 选项卡的最下方单击"添加 Asset"，弹出"打开"对话框。依次选择 BookFile→"声音"→"传送带"→"滑块上料.wav"，单击"打开"按钮，即可添加"滑块上料.wav"文件。按照同样的方法，添加"气缸复位.wav"文件和"气缸置位.wav"文件。添加完成后的效果如图 7-85 所示。

图 7-85

⓳ 将 3 个声音文件与 3 个 SoundPlayer 组件关联起来：在 3 个 SoundPlayer 组件的属性选项卡中的 SoundAsset 下拉列表中，分别选择 "GKB_SCConveyerbelt_L/滑块上料.wav" 文件、"GKB_SCConveyerbelt_L/气缸复位.wav" 文件、"GKB_SCConveyerbelt_L/气缸置位.wav" 文件，如图 7-86～图 7-88 所示。

图 7-86

图 7-87

图 7-88

❷⓿ 通过选择"添加组件"→"本体"→PoseMover 的方法，添加 2 个 PoseMover 组件。已添加好的 2 个 PoseMover 组件效果如图 7-89 所示。

图 7-89

❷❶ 在"属性：PoseMover[0]"选项卡中，设置 Mechanism 为 GKB_SCcylinder_L、设置 Pose 为 Push、设置 Duration 为 0.5（单位：s），如图 7-90 所示；在"属性：PoseMover_2[SyncPose]"选项卡中，设置 Mechanism 为 GKB_SCcylinder_L、设置 Pose 为 Home、设置 Duration 为 0.5（单位：s），如图 7-91 所示。

图 7-90

图 7-91

7.3.2 设置"属性与连结"选项卡

❶ 切换到"属性与连结"选项卡，单击最下方的"添加连结"，弹出"添加连结"对话框。

❷ 按照如图 7-92 所示的参数设置"添加连结"对话框，表示将复制出来的物体加入 Queue（Queue 表示队列 1，这里只将属性关联，并不关联动作），单击"确定"按钮。

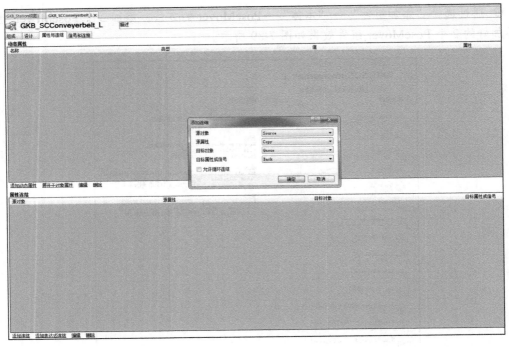

图 7-92

❸ 按照如图 7-93 所示的参数设置"添加连结"对话框，表示将 PlaneSensor（面传感器 1）检测到的物体加入 Queue_2（队列 2），单击"确定"按钮。

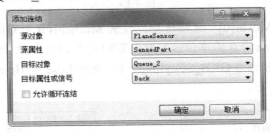

图 7-93

❹ 按照如图 7-94 所示的参数设置"添加连结"对话框，表示将 PlaneSensor_2（面传感 器 2）检测到的物体加入 Queue_3（队列 3），单击"确定"按钮。

❺ 按照如图 7-95 所示的参数设置"添加连结"对话框，表示将 PlaneSensor_3（面传感 器 3）检测到的物体加入 Queue_4（队列 4），单击"确定"按钮。

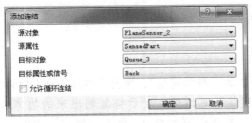

图 7-94

图 7-95

7.3.3　设置"信号和连接"选项卡

❶　切换到"信号和连接"选项卡，单击"添加 I/O Signals"，弹出"添加 I/O Signals"对话框。

❷　在"添加 I/O Signals"对话框中，添加一个"信号类型"为 DigitalInput、"信号名称"为 CB_L_DI0 的信号，选中"自动复位"复选框，即只在没有货物的时候通过该信号复制货物，如图 7-96 所示。设置完成后单击"确定"按钮。

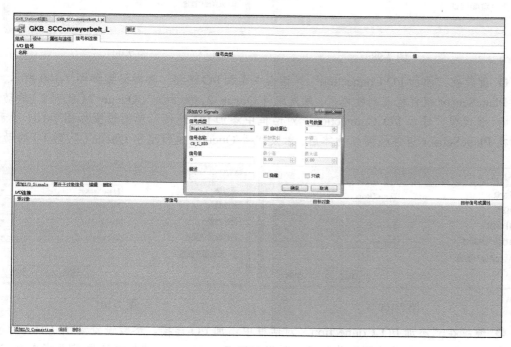

图 7-96

❸　继续单击"添加 I/O Signals"，在弹出的"添加 I/O Signals"对话框中，添加一个"信号类型"为 DigitalOutput、"信号名称"为 CB_L_DO0 的信号，如图 7-97 所示。设置完成后单击"确定"按钮。

图 7-97

❹　单击"信号和连接"选项卡下方的"添加 I/O Connection"，弹出"添加 I/O Connection"对话框。参数设置如图 7-98 所示，表示当 CB_L_DI0 置为 1 时，触发 Source 组件执行复制动作。

❺ 继续在"添加 I/O Connection"对话框中添加 I/O 连接。参数设置如图 7-99 所示，表示在 Source 组件复制完成后，复制品自动加入 Queue（队列 1）。

图 7-98　　　　　　　　　　　　　　　　图 7-99

❻ 继续在"添加 I/O Connection"对话框中添加 I/O 连接。参数设置如图 7-100 所示，表示在 PlaneSensor 组件检测到物体后，触发组件 Queue_2，执行加入 Queue_2（队列 2）的动作。

❼ 继续在"添加 I/O Connection"对话框中添加 I/O 连接。参数设置如图 7-101 所示，表示在 PlaneSensor 组件检测到物体后，触发组件 Queue，执行退出 Queue（队列 1）的动作。

图 7-100　　　　　　　　　　　　　　　　图 7-101

❽ 继续在"添加 I/O Connection"对话框中添加 I/O 连接。参数设置如图 7-102 所示，表示在 PlaneSensor 组件检测到物体后，触发组件 PoseMover，将机械装置移至姿态 Push。

❾ 继续在"添加 I/O Connection"对话框中添加 I/O 连接。参数设置如图 7-103 所示，表示在 PlaneSensor 组件检测到物体后，触发组件 SoundPlayer，开始播放声音文件"滑块上料.wav"。

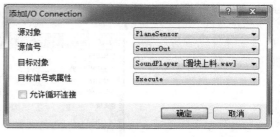

图 7-102　　　　　　　　　　　　　　　　图 7-103

❿ 继续在"添加 I/O Connection"对话框中添加 I/O 连接。参数设置如图 7-104 所示，表示在 PlaneSensor 组件检测到物体后，触发组件 SoundPlayer_3，开始播放声音文件"气缸置位.wav"。

⓫ 继续在"添加 I/O Connection"对话框中添加 I/O 连接。参数设置如图 7-105 所示，

表示在 PlaneSensor_2 组件检测到物体后，触发组件 Queue_2，执行退出 Queue_2（队列 2）的动作。

图 7-104　　　　　　　　　　　　　　　　图 7-105

⓬　继续在"添加 I/O Connection"对话框中添加 I/O 连接。参数设置如图 7-106 所示，表示在 PlaneSensor_2 组件检测到物体后，触发组件 Queue_3，执行加入 Queue_3（队列 3）的动作。

⓭　继续在"添加 I/O Connection"对话框中添加 I/O 连接。参数设置如图 7-107 所示，表示在 PlaneSensor_3 组件检测到物体后，触发组件 Queue_3，执行退出 Queue_3（队列 3）的动作。

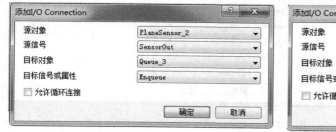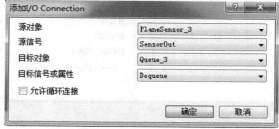

图 7-106　　　　　　　　　　　　　　　　图 7-107

⓮　继续在"添加 I/O Connection"对话框中添加 I/O 连接。参数设置如图 7-108 所示，表示在 PlaneSensor_3 组件检测到物体后，触发组件 Queue_4，执行加入 Queue_4（队列 4）的动作。

⓯　继续在"添加 I/O Connection"对话框中添加 I/O 连接。参数设置如图 7-109 所示，表示在 PlaneSensor_4 组件检测到物体后，触发组件 Queue_4，执行退出 Queue_4（队列 4）的动作。

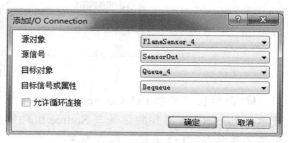

图 7-108　　　　　　　　　　　　　　　　图 7-109

⓰ 继续在"添加 I/O Connection"对话框中添加 I/O 连接。参数设置如图 7-110 所示，表示在 PlaneSensor_4 组件检测到物体后，输出一个信号给 LogicGate 组件。

⓱ 继续在"添加 I/O Connection"对话框中添加 I/O 连接。参数设置如图 7-111 所示，表示在 PlaneSensor_4 组件检测到物体后，触发组件 PoseMover_2，将机械装置移至姿态 Home。

图 7-110 　　　　　　　　　　　　　 图 7-111

⓲ 继续在"添加 I/O Connection"对话框中添加 I/O 连接。参数设置如图 7-112 所示，表示将 PlaneSensor_4 组件的输出信号与 CB_L_DO0 信号关联起来：若传送带的末端有货物，则输出 1；若传送带的末端没有货物，则输出 0。

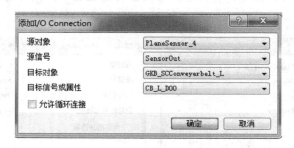

图 7-112

⓳ 继续在"添加 I/O Connection"对话框中添加 I/O 连接。参数设置如图 7-113 所示，表示在 PlaneSensor_4 组件检测到物体后，触发组件 SoundPlayer_2，开始播放声音文件"气缸复位.wav"。

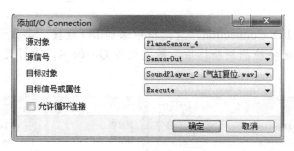

图 7-113

⓴ 继续在"添加 I/O Connection"对话框中添加 I/O 连接。参数设置如图 7-114 所示，表示将 LogicGate 组件的信号与 Source 组件的复制动作关联起来。可以看到，之前创建的 I/O 连接均显示在"I/O 连接"列表框中。

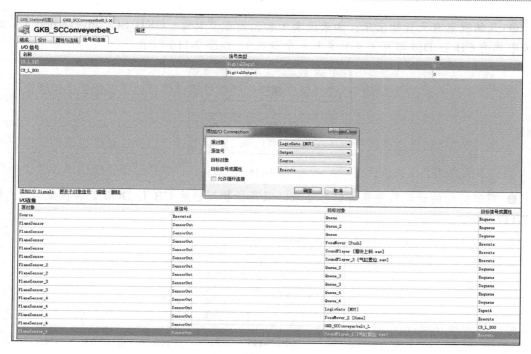

图 7-114

7.3.4 仿真运行

下面开始检测传送带是否可实现预期效果，操作步骤如下。

❶ 在"布局"选项卡中，右键单击"大货物"，在弹出的快捷菜单中取消选中"可见"，即将大货物设为隐藏。选择"仿真"→"播放"，如图 7-115 所示。

图 7-115

❷ 开始观察有无货物出来：如果没有货物，则在"属性：GKB_SCConveyerbelt_L"选项卡中单击 CB_L_DI0 即可（自动复制一个货物），如图 7-116 所示。

图 7-116

❸ 观察货物的运动轨迹是否符合要求，以及货物到位后 CB_L_DO0 是否被置为 1，如图 7-117 所示。

图 7-117

❹ 选择"移动"工具 将货物抬起，如图 7-118 所示。观察在传送带上是否复制一个货物，并且货物按照前面的运动轨迹行进，如图 7-119 所示。如果两个货物的运动轨迹相同，则表明第一条传送带可正常工作，完成仿真过程。第二条传送带的仿真过程与第一条传送带的仿真过程类似，在此不再赘述。

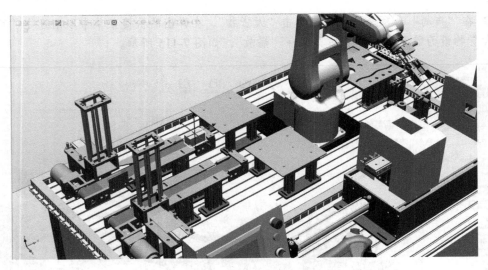

图 7-118

❺ 如果一切正常，则在测试结束后可以选择"仿真"→"停止"，停止仿真过程；选择"仿真"→"重置"，恢复仿真前的状态，方便进行下一次仿真。

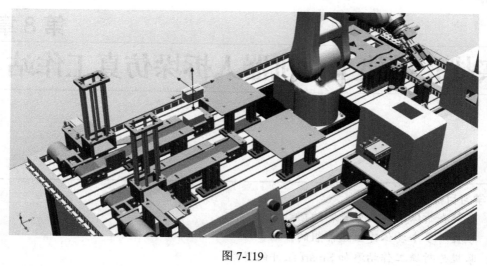

图 7-119

知识点练习

❶ 为夹具添加动态效果。

❷ 为第一条传送带添加动态效果。

❸ 为第二条传送带添加动态效果。

第 8 章

实战：搭建工业机器人拆垛仿真工作站

【学习目标】
- 了解在拆垛工作站中货物的摆放方法
- 掌握对多个物体建立组件组的技巧
- 掌握为拆垛工作站添加 Smart 组件的思路

利用工业机器人代替人工进行拆垛是工业机器人在工业生产中的常见应用。下面将以工业机器人实训平台为例，讲解如何搭建拆垛仿真工作站。

8.1 摆放货物

在第 7 章中已经讲述解包工作站的方法，在此不再赘述。本章的拆垛仿真工作站可单独搭建，也可在第 7 章的基础上搭建（本章选择这种方式）。在进行拆垛之前，先来进行货物的摆放，操作方式如下。

8.1.1 规划

计划将在左码垛平台上摆放 3 层货物组，以便工业机器人进行拆垛操作。即将摆放的货物组的分层视图如图 8-1～图 8-3 所示。

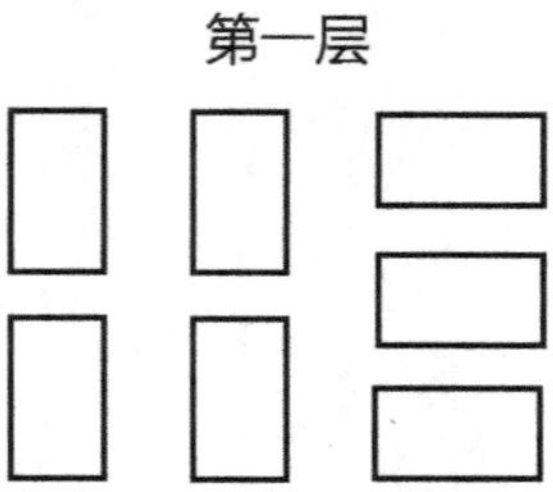

第一层

第二层

第三层

图 8-1

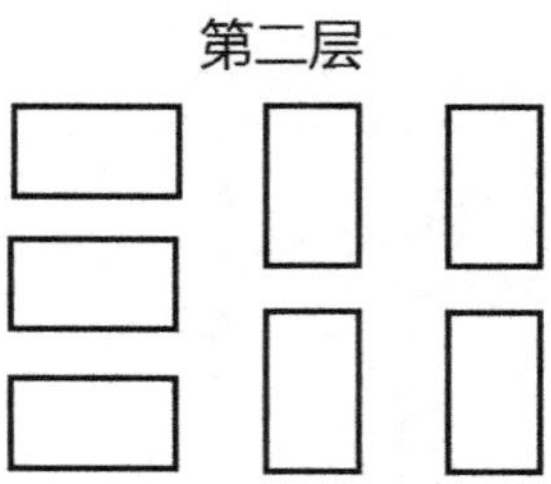

图 8-2

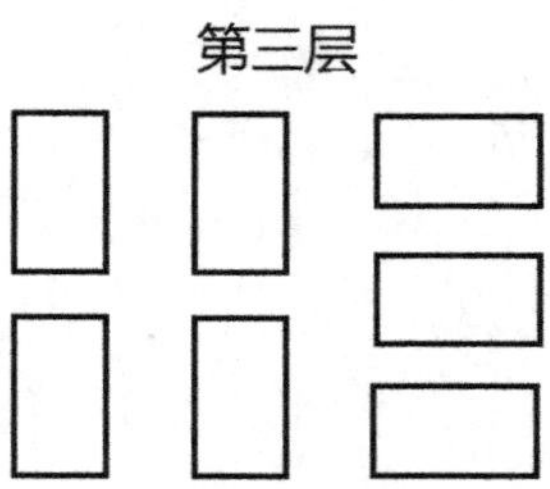

图 8-3

8.1.2 摆放

❶ 复制一个已经隐藏的大货物，右键单击复制后的大货物，在弹出的快捷菜单中选中

"可见"。选择"移动"工具 ⏚ 将其放到码盘上方附近，效果如图 8-4 所示。

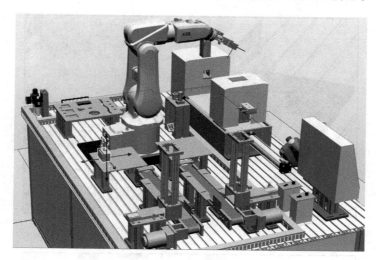

图 8-4

❷ 为复制的大货物设置一个容易与码垛平台区分的颜色：右键单击"大货物"，在弹出的快捷菜单中选择"修改"→"设定颜色"命令，如图 8-5 所示。在弹出的"颜色"对话框中（如图 8-6 所示），为刚刚创建的大货物设置颜色，这里设置为红色。效果如图 8-7 所示。

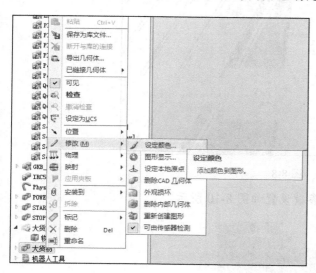

图 8-5

图 8-6

❸ 选择"捕捉末端"工具 ✎，右键单击"大货物"，在弹出的快捷菜单中选择"位置"→"放置"→"一个点"命令，如图 8-8 所示。此时将出现"放置对象：大货物"选项卡。

❹ 单击"主点-从"下的数字，让光标在数值框内闪动。将鼠标移到大货物的底部，在角点（圆圈标识）出现一个灰色小球时单击鼠标左键。此时在"主点-从"下的数值框中将显示选中点的位置坐标。单击"主点-到"下的数字，让光标在数值框内闪动，选择码盘的角点位置（圆圈标识），此时在"主点-到"下的数值框中将显示选中点的位置坐标。移动前

的货物显示位置如图 8-9 所示。

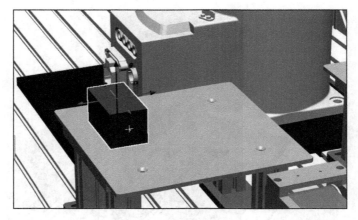

图 8-7

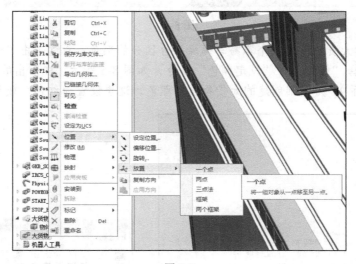

图 8-8

❺ 设置完成后单击"应用"按钮，参数设置如图 8-10 所示。

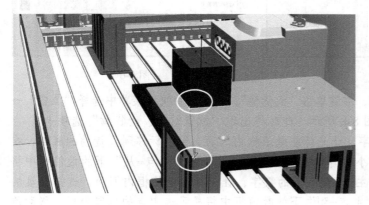

图 8-9

图 8-10

❻ 移动后的货物显示位置如图 8-11 所示。为了将货物放置在码盘中心附近，需要对当前位于码盘角边的货物进行位置调整。右键单击"大货物"，在弹出的快捷菜单中选择"位置"→"设定位置"命令。

❼ 此时将出现"设定位置：大货物"选项卡。将"参考"设置为"本地"，其他参数设置如图 8-12 所示。设置完成后单击"应用"按钮。移动前后的大货物位置如图 8-13 和图 8-14 所示。

图 8-11

图 8-12

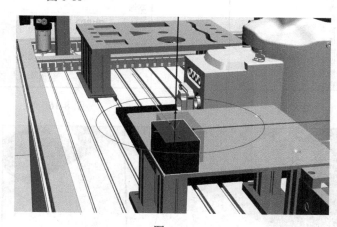

图 8-13

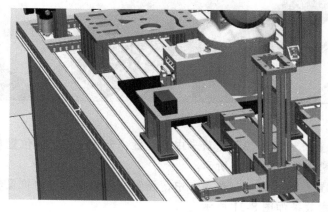

图 8-14

❽ 在"布局"选项卡中，重复执行复制、粘贴"大货物"的操作（为了摆放第一层货物组，需要复制 6 个大货物，即"大货物_2"～"大货物_7"），如图 8-15 所示。接下来将逐一设置这 6 个大货物的位置。

❾ 在"设置位置：大货物_2"选项卡中，设置"大货物_2"的位置参数（注意：在"参考"下拉列表中选择"本地"），如图 8-16 所示。位置移动的示意效果如图 8-17 所示。

图 8-15   图 8-16

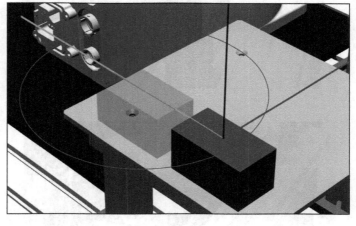

图 8-17

❿ 在"设置位置：大货物_3"选项卡中，设置"大货物_3"的位置参数，如图 8-18 所示。位置移动的示意效果如图 8-19 所示。

⓫ 在"设置位置：大货物_4"选项卡中，设置"大货物_4"的位置参数，如图 8-20 所示。位置移动的示意效果如图 8-21 所示。

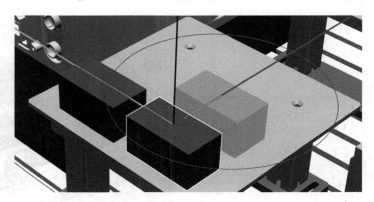

图 8-18　　　　　　　　　　　　　　　　图 8-19

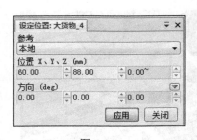

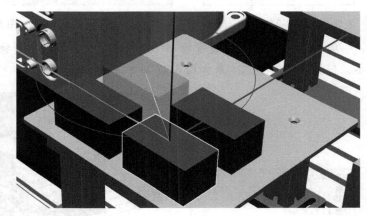

图 8-20　　　　　　　　　　　　　　　　图 8-21

⓬ 在"设置位置：大货物_5"选项卡中，设置"大货物_5"的位置参数，如图 8-22 所示。位置移动的示意效果如图 8-23 所示。

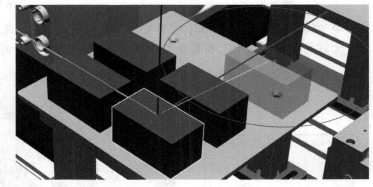

图 8-22　　　　　　　　　　　　　　　　图 8-23

⓭ 在"布局"选项卡中，右键单击"大货物_5"，在弹出的快捷菜单中选择"位置"→"旋转"命令，出现"旋转：大货物_5"选项卡。如果大货物的本地原点不在上表面中心，则需要将本地原点设为上表面中心（注意：应在"参考"下拉列表中选择"本地"；在"旋转"下选中 Z 单选按钮，即围绕本地坐标系的 Z 轴旋转）。参数设置如图 8-24 所示。旋转

后的效果如图 8-25 所示。

图 8-24   图 8-25

⓮ 在"设置位置：大货物_6"选项卡中，设置"大货物_6"的位置参数，如图 8-26 所示。位置移动的示意效果如图 8-27 所示。

图 8-26   图 8-27

⓯ 右键单击"大货物_6"，在弹出的快捷菜单中选择"位置"→"旋转"命令，出现"旋转：大货物_6"选项卡。参数设置如图 8-28 所示。旋转后的效果如图 8-29 所示。

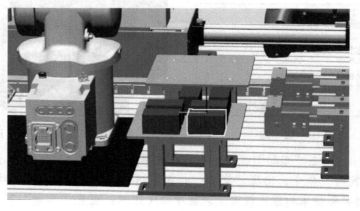

图 8-28   图 8-29

⓰ 在"设置位置：大货物_7"选项卡中，设置"大货物_7"的位置参数，如图 8-30 所示。位置移动的示意效果如图 8-31 所示。

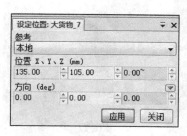

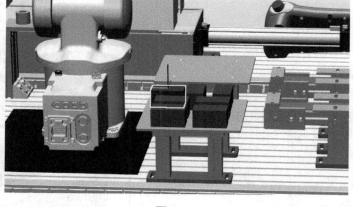

图 8-30   图 8-31

⓱ 右键单击"大货物_7"，在弹出的快捷菜单中选择"位置"→"旋转"命令，出现"旋转：大货物_7"选项卡。参数设置如图 8-32 所示。旋转后的效果如图 8-33 所示。至此，第一层货物就已经摆放完成了。

图 8-32   图 8-33

8.1.3 建立组件组

为了提高效率，接下来要将第一层进行编组操作，并创建第二层和第三层货物组。

❶ 选择"建模"→"组件组"，如图 8-34 所示。新建组件组的默认名称为"组_1"，右键单击"组_1"，在弹出的快捷菜单中选择"重命名"命令，将组件组重命名为"货物一层"。

❷ 选中"大货物"～"大货物_7"，将其拖动到"货物一层"组件组（按住 Ctrl 键可实现多选），即将第一层编组。

❸ 复制"货物一层"，将其命名为"货物二层"。通过"移动"工具 将"货物二层"拉起，如图 8-35 所示。

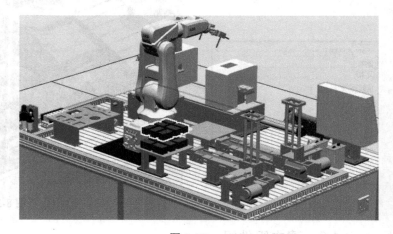

图 8-34   图 8-35

❹ 由于第二层货物组与第一层货物组的角度相差 180°，所以右键单击"货物二层"，在弹出的快捷菜单中选择"位置"→"旋转"命令，出现"旋转：货物二层"选项卡。参数设置如图 8-36 所示。将旋转后的"货物二层"拖动到"货物一层"上方，如图 8-37 所示。

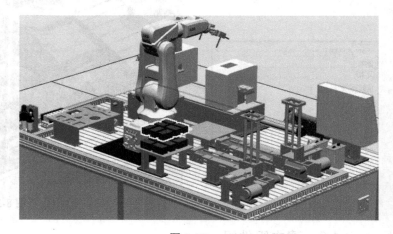

图 8-36   图 8-37

❺ 选择"捕捉末端"工具，利用放置的方法将"货物二层"放到"货物一层"上：右键单击"货物二层"，在弹出的快捷菜单中选择"位置"→"放置"→"一个点"命令，出现"放置对象：货物二层"选项卡。分别在"货物一层"和"货物二层"选择贴合点，如图 8-38 所示。此时的"放置对象：货物二层"选项卡如图 8-39 所示，单击"应用"按钮。"货物一层"和"货物二层"将紧密贴合，效果如图 8-40 所示。

❻ 再次复制"货物一层"，将其命名为"货物三层"。通过"移动"工具将"货物三层"拉起。由于第一层货物组与第三层货物组的方向一致，所以不用进行旋转操作，直接将"货物三层"放置在"货物二层"上即可。放置完成的效果如图 8-41 所示。

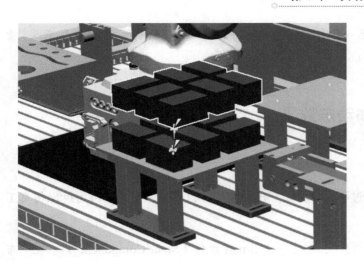

图 8-38

图 8-39

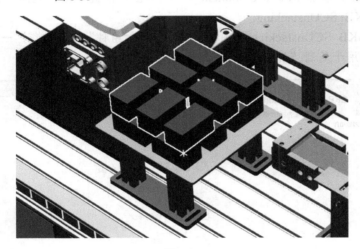

图 8-40

图 8-41

❼ 为了方便对货物组进行统一操作，可选中"货物二层"和"货物三层"，将其拖入"货物一层"中，从而将货物组合并。至此，组件组建立完成。

8.2 为拆垛工作站添加动态效果

8.2.1 创建 Smart 组件

为了能够不断循环模拟拆垛过程，即自动产出货物组、自动清除货物，可为拆垛仿真工作站添加 Smart 组件。

❶ 选择"建模"→"Smart 组件"，创建一个 Smart 组件（SmartComponent_1）。在"布局"选项卡中，右键单击 SmartComponent_1，在弹出的快捷菜单中选择"重命名"命令，将其重命名为 GKB_SCUnstacking。

❷ 切换到 GKB_SCUnstacking 选项卡，选择"添加组件"→"动作"→Source，创建一个 Source 组件，用于复制"货物一组"，如图 8-42 所示。

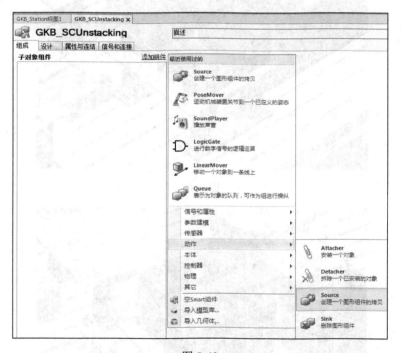

图 8-42

❸ 选择"添加组件"→"动作"→Sink，创建一个 Sink 组件，用于删除放在另一边的货物，如图 8-43 所示。

图 8-43

注意：Sink 组件用于删除 Object 指定的对象。在 Sink 的属性设置中，包含 Object 属性，以及 Execute 和 Executed 信号。具体说明如表 8-1 和表 8-2 所示。

表 8-1

属　　性	描　　述
Object	指定要删除的对象

表 8-2

信　　号	描　　述
Execute	若 Execute 信号为 True，则开始删除对象
Executed	在删除完成时，输出 Executed 信号

❹ 选择"添加组件"→"信号和属性"→LogicGate，创建一个 LogicGate 组件，用于延时信号（使复制货物的动作不要执行太快），如图 8-44 所示。执行相同的操作，再创建一个 LogicGate 组件，用于信号取反。

❺ 选择"添加组件"→"传感器"→PlaneSensor，创建一个 PlaneSensor 组件，用于检测左码盘上的货物组是否被全部移走，如图 8-45 所示。执行相同的操作，再创建一个 PlaneSensor 组件，用于检测货物组是否放置在右码盘上。

❻ 在组件创建完毕后，依次设置组件的属性。在 GKB_SCUnstacking 选项卡中，选中 Source 组件，在右侧即可显示该组件的参数说明，如图 8-46 所示。在出现的"属性：Source"选项卡中，可按照如图 8-47 所示设置参数。设置完成后单击"应用"按钮。

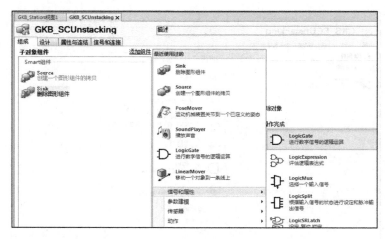

图 8-44

图 8-45

图 8-46

图 8-47

❼ 与查看 Source 参数说明、设置 Source 属性的方法相同，Sink 组件的参数说明如图 8-48 所示；"属性：Sink"选项卡如图 8-49 所示。由于需要删除的物体不是一个固定的对象，所以将在"属性与连结"选项卡中设置 Object，这里未设置此参数。

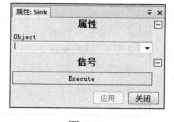

图 8-48　　　　　　　　　　　　　　　　　图 8-49

❽ 与查看 Source 参数说明、设置 Source 属性的方法相同，LogicGate[NOP]组件的参数说明如图 8-50 所示；"属性：LogicGate[NOP]"选项卡的设置如图 8-51 所示。设置完成后单击"应用"按钮。

图 8-50　　　　　　　　　　　　　　　　　图 8-51

❾ 与查看 LogicGate 参数说明、设置 LogicGate 属性的方法相同，LogicGate_2[NOT]组件的参数说明如图 8-52 所示；"属性：LogicGate_2[NOT]"选项卡的设置如图 8-53 所示。设置完成后单击"应用"按钮。

❿ 切换到"GKB_Station：视图 1"选项卡，选择"捕捉中点"工具，在"属性：PlaneSensor"选项卡中，单击 Origin 下的数值框，直至光标闪动。将光标移到如图 8-54 所示的中点位置（圆圈标注），在出现灰色小球时单击鼠标。此时，在 Origin 下的数值框内将出现选中点的位置坐标。"属性：PlaneSensor"中的其他参数设置如图 8-55 所示，单击"应用"按钮。

⓫ 在"属性：PlaneSensor_2"选项卡中，单击 Origin 下的数值框，直至光标闪动。将光标移到如图 8-56 所示的中点位置（圆圈标注），在出现灰色小球时单击鼠标。此时，在

Origin 下的数值框内将出现选中点的位置坐标。"属性：PlaneSensor_2"中的其他参数设置如图 8-57 所示，单击"应用"按钮。

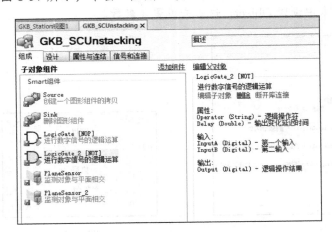

图 8-52

图 8-53

图 8-54

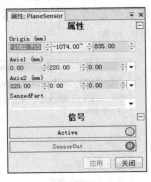

图 8-55

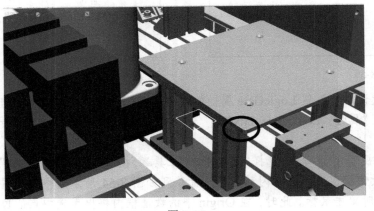

图 8-56

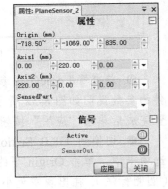

图 8-57

⑫ 两个面传感器（PlaneSensor 和 PlaneSensor_2）的属性设置完成后，效果如图 8-58 所示。

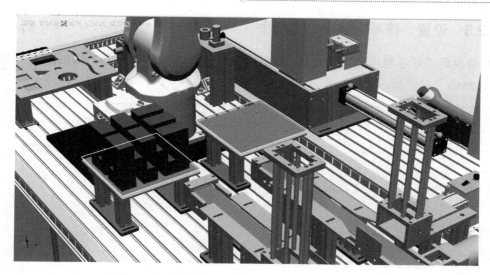

图 8-58

8.2.2　设置"属性与连结"选项卡

❶ 切换到"属性与连结"选项卡，单击最下方的"添加连结"，弹出"添加连结"对话框。

❷ 按照如图 8-59 所示的参数设置"添加连结"对话框，即将右传感器（PlaneSensor_2）检测到的物体作为 Sink 组件要删除的对象，单击"确定"按钮。

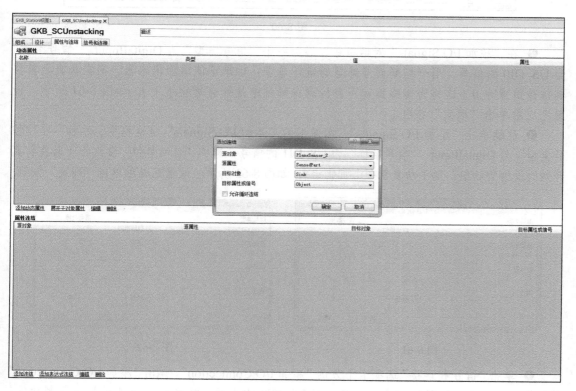

图 8-59

8.2.3 设置"信号和连接"选项卡

❶ 切换到"信号和连接"选项卡，如图 8-60 所示。单击"添加 I/O Signals"，弹出"添加 I/O Signals"对话框。

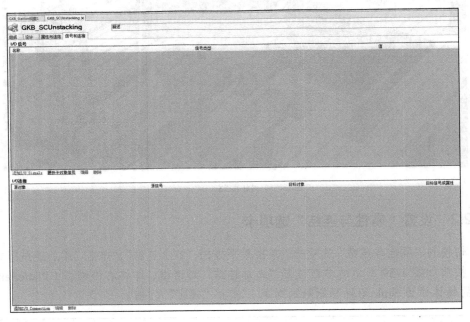

图 8-60

❷ 在"添加 I/O Signals"对话框中，添加一个"信号类型"为 DigitalInput、"信号名称"为 US_DI0 的信号，用于控制面传感器的激活与否：如果不使用面传感器，则在仿真之前将其信号值置为 0（这样面传感器就不会检测在码盘中是否有货物组了），如图 8-61 所示。设置完成后单击"确定"按钮。

❸ 继续单击"添加 I/O Signals"，在弹出的"添加 I/O Signals"对话框中，添加一个"信号类型"为 DigitalInput、"信号名称"为 US_DI1 的信号，选中"自动复位"复选框（若在仿真开始时没有货物组，则手动复制一个货物组），如图 8-62 所示。设置完成后单击"确定"按钮。

图 8-61

图 8-62

❹ 单击"信号和连接"选项卡下方的"添加 I/O Connection"，弹出"添加 I/O Connection"对话框。参数设置如图 8-63 所示，表示当 US_DI1 为 1 时，触发 Source 组件执行复制动作。

❺ 继续在"添加 I/O Connection"对话框中添加 I/O 连接。参数设置如图 8-64 所示，表示将 PlaneSensor 组件检测到物体的输出信号发送至 LogicGate_2 组件，进行逻辑运算（NOT 运算）。

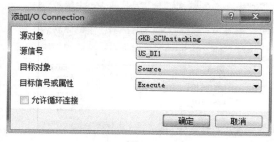

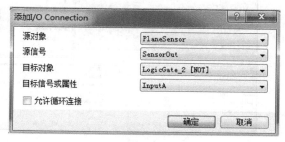

图 8-63

图 8-64

❻ 继续在"添加 I/O Connection"对话框中添加 I/O 连接。参数设置如图 8-65 所示，表示当 LogicGate_2 经过取反运算输出的信号为 1 时，触发 Source 组件执行复制操作。

❼ 继续在"添加 I/O Connection"对话框中添加 I/O 连接。参数设置如图 8-66 所示，表示将 PlaneSensor_2 组件检测到物体的输出信号发送至 LogicGate 组件，进行逻辑运算（NOP 运算）。

图 8-65

图 8-66

❽ 继续在"添加 I/O Connection"对话框中添加 I/O 连接。参数设置如图 8-67 所示，表示当 LogicGate 输入的信号经过空运算（设置了延时）输出的信号为 1 时，Sink 组件将执行删除动作（即不马上删除货物，延时后再删除）。

❾ 继续在"添加 I/O Connection"对话框中添加 I/O 连接。参数设置如图 8-68 所示，表示当 US_DI0 被置为 1 时，PlaneSensor 开始执行检测操作。

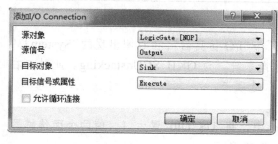

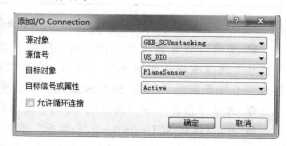

图 8-67

图 8-68

❿ 继续在"添加 I/O Connection"对话框中添加 I/O 连接。参数设置如图 8-69 所示，表示当 US_DI0 被置为 1 时，PlaneSensor_2 开始执行检测操作。可以看到，之前创建的 I/O 连

接均显示在"I/O连接"列表框中。

图 8-69

8.2.4 仿真运行

下面开始检测拆垛工作站是否可实现预期效果，操作步骤如下。

❶ 在"布局"选项卡中，右键单击"货物一层"，在弹出的快捷菜单中取消选中"可见"，即将"货物一层"设为隐藏（如果多出来一组"货物一层_X"，则其是在关联组件的过程中复制出来的，也可将其设为隐藏，以便执行测试操作）。选择"仿真"→"仿真设定"，出现"仿真设定"选项卡。

❷ 选中"控制器"下的 System339，并在右侧的"System339 的设置"下，选中"连续"单选按钮，如图 8-70 所示。

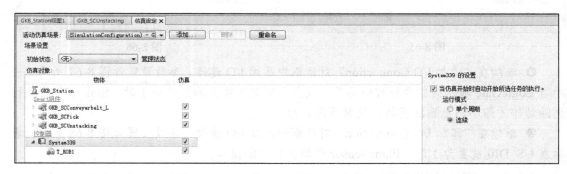

图 8-70

❸ 切换到如图 8-71 所示的视角。选择"仿真"→"I/O 仿真器"，在右侧出现的"System339个信号"选项卡中（如图 8-72 所示），设置"选择系统"为 GKB_SCUnstacking。此时，右侧选项卡将更新为"GKB_SCUnstacking 个信号"选项卡。

❹ 选择"仿真"→"播放"，开始仿真运行。

❺ 在"GKB_SCUnstacking 个信号"选项卡中，将 US_DI0 置为 1，使两个面传感器（PlaneSensor 和 PlaneSensor_2）开始检测，如图 8-73 所示。

❻ 再在"GKB_SCUnstacking 个信号"选项卡中，单击 US_DI1，用于复制一个货物组，如图 8-74 所示。

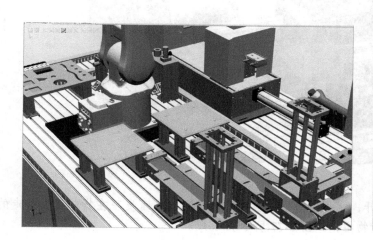

图 8-71

图 8-72

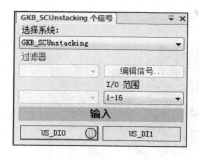

图 8-73

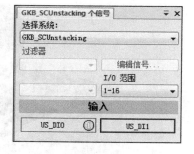

图 8-74

❼ 选择"移动"工具 ，将一个复制的货物组放到码盘上，如图 8-75 所示。不到一秒钟，货物组中的其中一个大货物就被删除了，如图 8-76 所示。

图 8-75

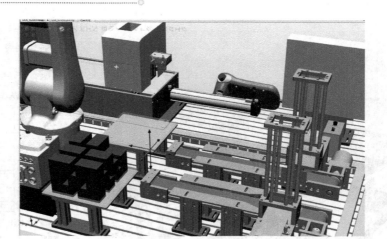

图 8-76

❽ 若将整个货物组移开，模拟所有货物被移走的情况，则可发现在货物组被移走的瞬间，又会重新复制出一个货物组，如图 8-77 所示。

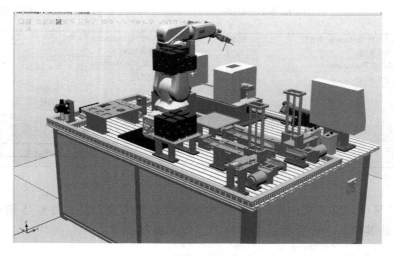

图 8-77

❾ 如果一切正常，则在测试结束后可以选择"仿真"→"停止"，停止仿真过程；选择"仿真"→"重置"，恢复仿真前的状态，方便进行下一次仿真。

知识点练习

❶ 规划一种货物摆放方式，并进行摆放。
❷ 为摆放的货物建立组件组，便于进行多层摆放。
❸ 为拆垛工作站添加 Smart 组件。

第 9 章

实战：搭建工业机器人压铸仿真工作站

【学习目标】
- 掌握为吸盘添加动态效果的方法
- 掌握为压铸台添加动态效果的方法
- 掌握仿真运行吸盘与压铸台的方法

在制造业中，压铸件广泛应用于产品成型的过程中。因为压铸环境高温、高湿，粉尘污染严重，所以，工业机器人在铸件行业中的大规模应用已是大势所趋。

随着市场对铸件精密度要求的不断提升，依靠人的经验和技术铸造精密铸件的方法已难以适应未来的需求，能够克服多种缺陷的工业机器人必将成为高端压铸行业的主力军。未来，工业机器人在压铸行业中的作用将是人力无法替代的。ABB 工业机器人在稳定性与质量上都表现优异。下面就来搭建 ABB 工业机器人压铸仿真工作站。

9.1 为吸盘添加动态效果

9.1.1 将吸盘夹取到工业机器人夹具上

❶ 将工业机器人调整到如图 9-1 所示的姿态，便于夹取吸盘。

❷ 选择"手动线性"工具 将夹具移动到吸盘上方，如图 9-2 所示。

❸ 在"布局"选项卡中，单击 GKB_SCPick，在出现的"属性：GKB_SCPick"选项卡中，设置 PICK_DI0 为 1，如图 9-3 所示。

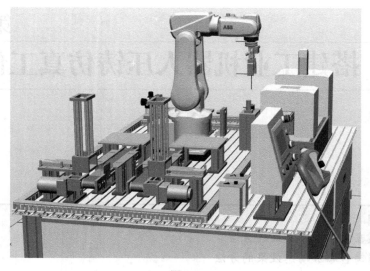

图 9-1

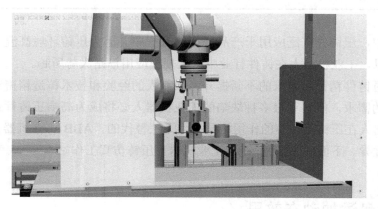

图 9-2

图 9-3

9.1.2　创建 Smart 组件

❶ 使用"手动线性"工具 ![icon] 将工业机器人拉起来。在确认吸盘可以跟着夹爪一起移动后，选择"建模"→"Smart 组件"，创建一个 Smart 组件（SmartComponent_1），如图 9-4 所示。

❷ 在"布局"选项卡中，右键单击 SmartComponent_1，在弹出的快捷菜单中选择"重命名"命令，将其重命名为 GKB_SCSucker。

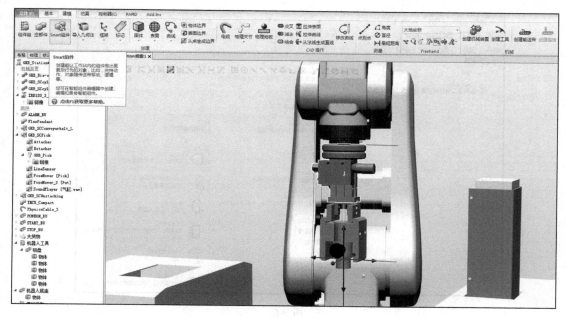

图 9-4

❸ 切换到 GKB_SCSucker 选项卡，选择"添加组件"→"传感器"→LineSensor，创建一个 LineSensor 组件，用于检测、识别需要吸取的物体，如图 9-5 所示。

图 9-5

❹ 选择"添加组件"→"信号和属性"→LogicGate，创建一个 LogicGate 组件，用于对信号进行取反操作，如图 9-6 所示。

图 9-6

❺ 选择"添加组件"→"信号和属性"→LogicSRLatch，创建一个 LogicSRLatch 组件，用于对 GKB_SCSucker 组件的整体输出进行设置，如图 9-7 所示。

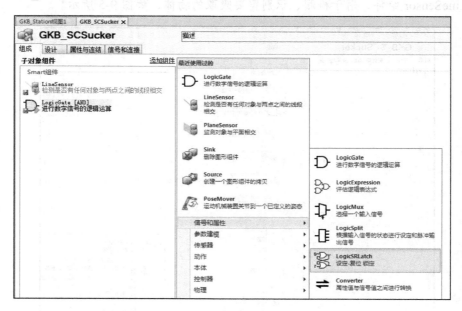

图 9-7

❻ 选择"添加组件"→"动作"→Attacher，创建一个 Attacher 组件，用于执行吸取动作，如图 9-8 所示。

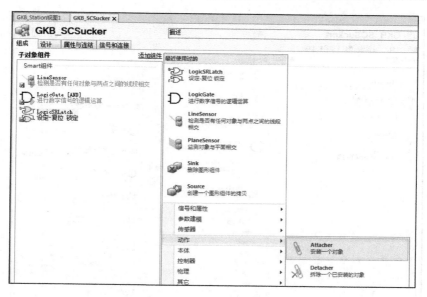

图 9-8

❼ 选择"添加组件"→"动作"→Detacher，创建一个 Detacher 组件，用于执行放置动作，如图 9-9 所示。

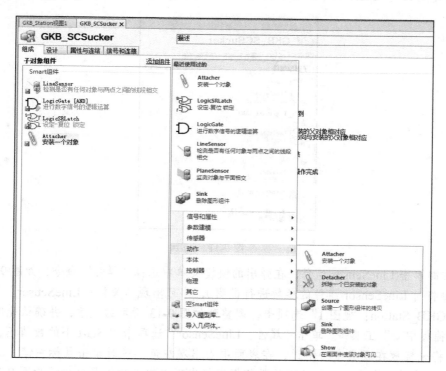

图 9-9

❽ 选择"添加组件"→"其他"→SoundPlayer（执行两次相同的操作），创建两个 SoundPlayer 组件，用于播放声音文件，如图 9-10 所示。

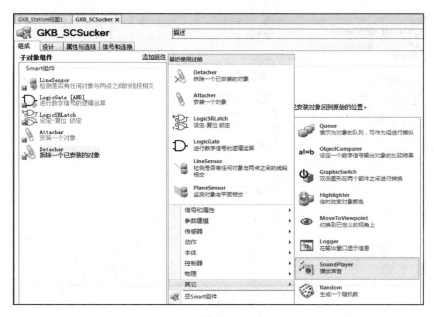

图 9-10

❾ 创建完成的 Smart 组件如图 9-11 所示。接下来要对各个组件进行属性设置。

图 9-11

❿ 右键单击 LineSensor 组件，在弹出的快捷菜单中选择"属性"命令，如图 9-12 所示（图片右侧将对 LineSensor 组件的参数进行说明），即可出现"属性：LineSensor"选项卡。切换到"GKB_Station：视图 1"选项卡，调整到如图 9-13 所示的视角，并确认此时的捕捉工具为"捕捉中心"工具⊙。单击"属性：LineSensor"选项卡中 Start 下的数值框，直至光标闪动。将光标放在吸盘中心附近，在表面中心出现灰色小球时单击鼠标左键（选取两次吸盘中心）。此时，在 Start、End 下的数值框内将出现选中点的位置坐标，如图 9-14 所示。

⓫ 需要说明的是，可根据吸盘的实际位置调整数值框内的数值。在本例中，线传感器只沿 X 轴的方向延伸，故只更改 X 轴方向的值即可，设置完成后单击"应用"按钮。线传感器的半径最好不要大于 2mm，这是因为只想让线传感器检测到需要检测的工件，而不是

误检测到吸盘。线传感器的起始点要向吸盘内延伸一定距离，但延伸距离不要超过 13mm，从而保证线传感器的一部分在吸盘内部，而一部分在吸盘外部。在 LineSensor 组件的属性设置完成后，效果如图 9-15 所示。

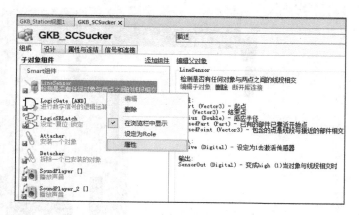

图 9-12

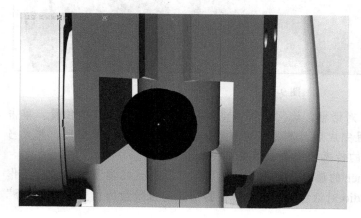

图 9-13

图 9-14

图 9-15

⓬ 切换到"布局"选项卡,将 GKB_SCSucker 拖到"机器人工具"下的"吸盘"中(相当于将 GKB_SCSucker 安装在吸盘工具上),如图 9-16 所示。

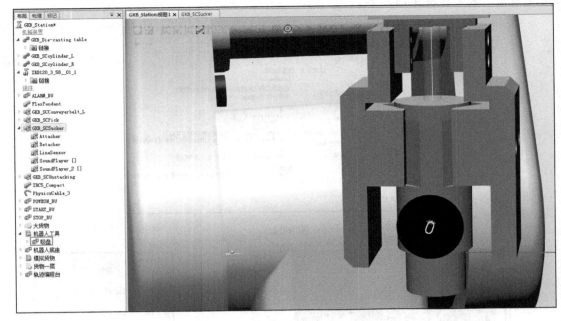

图 9-16

⓭ 此时将弹出"更新位置"对话框,询问是否希望更新 GKB_SCSucker 的位置。单击"否"按钮,如图 9-17 所示。设置完成后,吸盘上的传感器就会跟着吸盘一起移动,并且当夹爪抓住吸盘后,吸盘与吸盘上的传感器也会跟着夹爪一起移动。

⓮ 为了日后方便设置 Attacher 的属性,可将"吸盘"从"机器人工具"内拖放到工作站中。此时将弹出 ABB RobotStudio 对话框,询问是否需要重新定位吸盘的位置,单击"否"按钮,如图 9-18 所示。

图 9-17

图 9-18

⓯ 右键单击 LogicGate[AND]组件,在弹出的快捷菜单中选择"属性"命令,如图 9-19 所示(图片右侧将对 LogicGate 组件的参数进行说明),此时将出现"属性:LogicGate[AND]"选项卡。在 Operator 下拉列表中选择 NOT,单击"应用"按钮,如图 9-20 所示。

⓰ 关联 SoundPlayer 组件的声音文件(必须为 WAV 格式文件):在 GKB_SCSucker 选项卡的最下方单击"添加 Asset",弹出"打开"对话框。依次选择 BookFile→"声音"→"吸盘"→"吸盘吸取.wav",即添加"吸盘吸取.wav"文件,如图 9-21 所示。按照相同的

方法，添加"吸盘释放.wav 文件。添加完成后，GKB_SCSucker 选项卡的部分显示如图 9-22
所示。

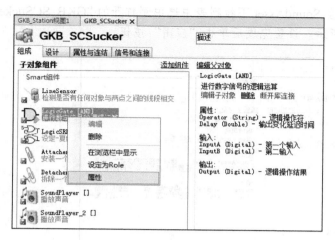

图 9-19

图 9-20

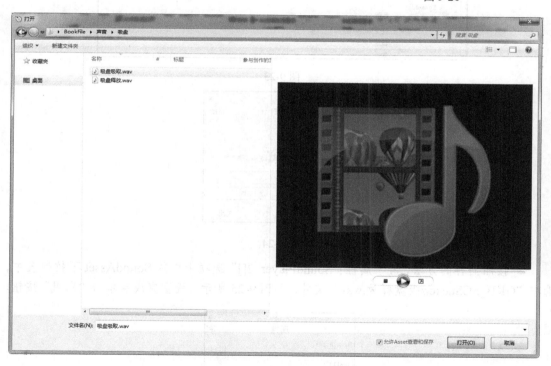

图 9-21

图 9-22

⓱ 设置 SoundPlayer 组件的属性：右键单击 SoundPlayer[]，在弹出的快捷菜单中选择"属性"命令，如图 9-23 所示（图片右侧将对 SoundPlayer 组件的参数进行说明），此时出现"属性：SoundPlayer[]"选项卡。在 SoundAsset 下拉列表中选中刚打开的"GKB_SCSucker/吸盘吸取.wav"文件，如图 9-24 所示。设置完成后单击"应用"按钮。

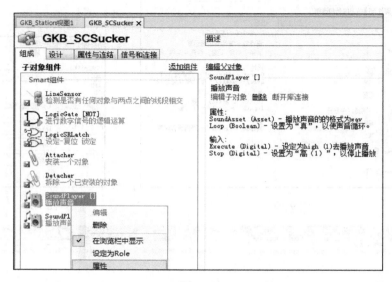

图 9-23

图 9-24

⓲ 按照同样的方法，在"属性：SoundPlayer_2[]"选项卡中的 SoundAsset 下拉列表中，选中"GKB_SCSucker/吸盘释放.wav"文件，如图 9-25 所示。设置完成后单击"应用"按钮。

图 9-25

⓳ 设置 Attacher 组件的属性：右键单击 Attacher，在弹出的快捷菜单中选择"属性"

命令，此时出现"属性：Attacher"选项卡。在 Parent 下拉列表中选择"吸盘"，如图 9-26 所示。设置完成后单击"应用"按钮。

图 9-26

至此，已完成创建 Smart 组件的操作。

9.1.3 设置"属性与连结"选项卡

❶ 切换到"属性与连结"选项卡，单击最下方的"添加连结"，弹出"添加连结"对话框。

❷ 按照如图 9-27 所示的参数设置"添加连结"对话框，表示将线传感器检测到的部分作为安装的子对象，单击"确定"按钮。

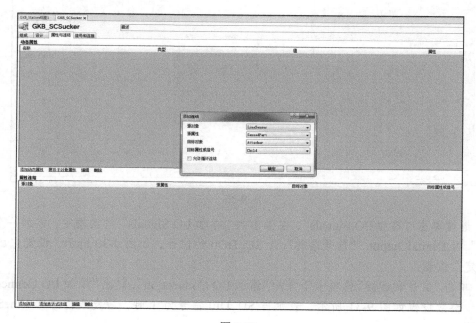

图 9-27

❸ 按照如图 9-28 所示的参数设置"添加连结"对话框,表示将安装的子对象作为拆除的子对象,单击"确定"按钮。

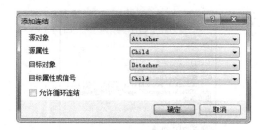

图 9-28

9.1.4 设置"信号和连接"选项卡

❶ 切换到"信号和连接"选项卡,单击"添加 I/O Signals",弹出"添加 I/O Signals"对话框。

❷ 在"添加 I/O Signals"对话框中,添加一个"信号类型"为 DigitalInput、"信号名称"为 SU_DI0 的信号,如图 9-29 所示。设置完成后单击"确定"按钮。

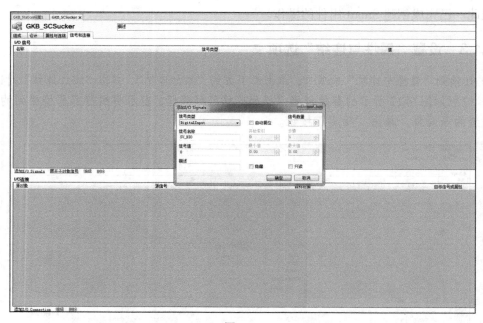

图 9-29

❸ 继续单击"添加 I/O Signals",在弹出的"添加 I/O Signals"对话框中,添加一个"信号类型"为 DigitalOutput、"信号名称"为 SU_DO0 的信号,如图 9-30 所示。设置完成后单击"确定"按钮。

❹ 单击"信号和连接"选项卡下方的"添加 I/O Connection",弹出"添加 I/O Connection"对话框。参数设置如图 9-31 所示,表示当 SU_DI0 信号为 1 时,触发线传感器 LineSensor 开始检测。

图 9-30

❺ 继续在"添加 I/O Connection"对话框中添加 I/O 连接。参数设置如图 9-32 所示，表示当 LineSensor 组件检测到物体时执行安装动作。

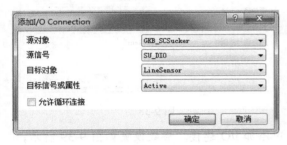

图 9-31

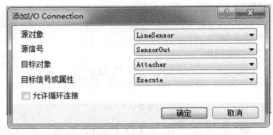

图 9-32

❻ 继续在"添加 I/O Connection"对话框中添加 I/O 连接。参数设置如图 9-33 所示，表示将 LineSensor 的输出信号发送到 LogicGate 中进行逻辑运算（这里为取反运算）。

❼ 继续在"添加 I/O Connection"对话框中添加 I/O 连接。参数设置如图 9-34 所示，表示将 LogicGate 的运算结果与拆除动作进行信号关联。

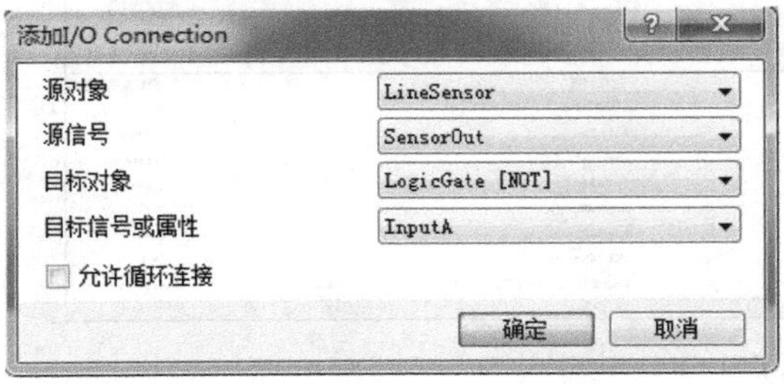

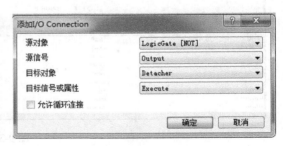

图 9-33

图 9-34

❽ 继续在"添加 I/O Connection"对话框中添加 I/O 连接。参数设置如图 9-35 所示，表示在 Attacher 组件完成安装操作后，对 LogicSRLatch 组件进行置位操作。

❾ 继续在"添加 I/O Connection"对话框中添加 I/O 连接。参数设置如图 9-36 所示，表示在 Detacher 组件完成拆除操作后，对 LogicSRLatch 组件进行复位操作。

❿ 继续在"添加 I/O Connection"对话框中添加 I/O 连接。参数设置如图 9-37 所示，表示将 LogicSRLatch 组件的整体输出与 SU_DO0 信号关联起来。

⓫ 继续在"添加 I/O Connection"对话框中添加 I/O 连接。参数设置如图 9-38 所示，

表示在 Attacher 组件完成安装操作后，播放"吸盘吸取.wav"声音文件。

图 9-35　　　　　　　　　　　　　　　　　图 9-36

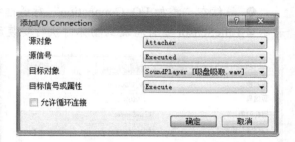

图 9-37　　　　　　　　　　　　　　　　　图 9-38

⓬ 继续在"添加 I/O Connection"对话框中添加 I/O 连接。参数设置如图 9-39 所示，表示在 Detacher 组件完成拆除操作后，播放"吸盘释放.wav"声音文件。可以看到，之前创建的 I/O 连接均显示在"I/O 连接"列表框中。

图 9-39

9.1.5　仿真运行吸盘

❶ 切换到"GKB_Station：视图 1"选项卡，复制一个"小货物"（"小货物"在"模拟货物"内部），如图 9-40 所示。

❷ 粘贴完成后，通过"移动"工具 将"小货物"移动到吸盘附近，如图 9-41 所示。

❸ 在"布局"选项卡中，双击 GKB_SCSucker，出现"属性：GKB_SCSucker"选项卡。设置 SU_DO0 为 1，并播放"吸盘吸取.wav"声音文件，单击"应用"按钮，如图 9-42 所示。

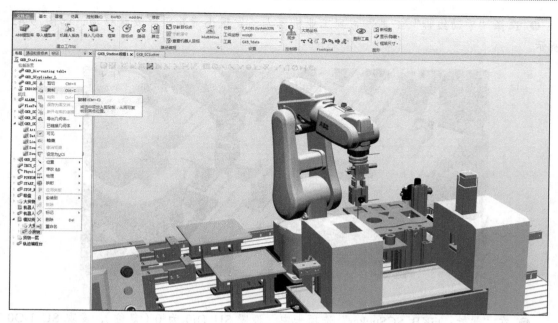

图 9-40

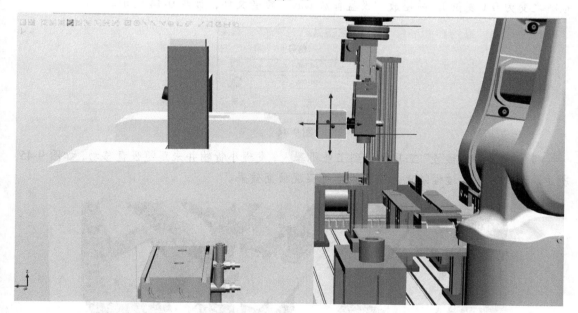

图 9-41

图 9-42

❹ 选择"手动线性"工具 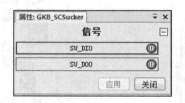 拖到工业机器人，发现小货物跟随吸盘移动，如图 9-43 所示。

图 9-43

❺ 在"属性：GKB_SCSucker"选项卡中，设置 SU_DI0 为 0（复位），发现 SU_DO0 也随之变为 0（复位），并播放"吸盘释放.wav"声音文件，如图 9-44 所示。

图 9-44

❻ 选择"手动线性"工具 拖到工业机器人，发现小货物并未跟随吸盘移动，如图 9-45 所示。至此，仿真过程结束，检测吸盘可实现预期效果。

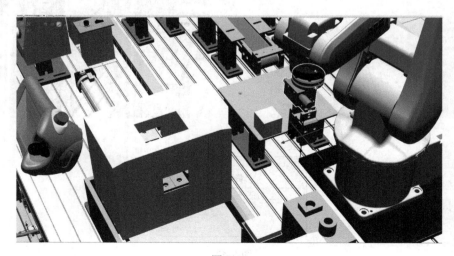

图 9-45

9.2　为压铸台添加动态效果

9.2.1　创建 Smart 组件

❶ 选择"建模"→"Smart 组件"，创建一个 Smart 组件（SmartComponent_1）。在"布局"选项卡中，右键单击 SmartComponent_1，在弹出的快捷菜单中选择"重命名"命令，将其重命名为 GKB_SCDiecasting。

❷ 切换到 GKB_SCDiecasting 选项卡，选择"添加组件"→"动作"→Source，创建一个 Source 组件，用于复制货物，如图 9-46 所示。

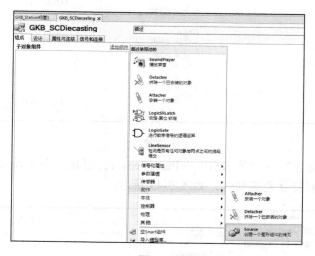

图 9-46

❸ 选择"添加组件"→"其他"→Queue，创建两个 Queue 组件（执行两次操作），用于将复制出来的货物加入队列，如图 9-47 所示。

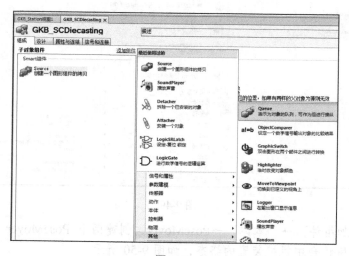

图 9-47

❹ 选择"添加组件"→"本体"→LinearMover，创建两个 LinearMover 组件（执行两次操作），用于使货物定向移动，如图 9-48 所示。

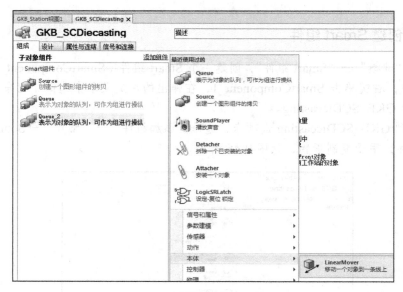

图 9-48

❺ 选择"添加组件"→"传感器"→PlaneSensor，创建三个 LinearMover 组件（执行三次操作），用于检测货物是否到位，如图 9-49 所示。

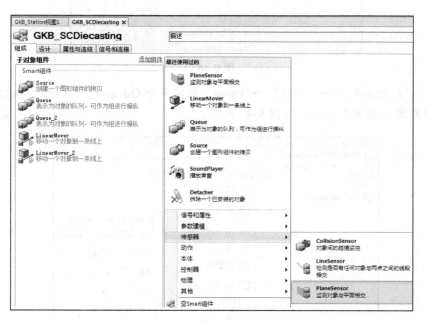

图 9-49

❻ 选择"添加组件"→"本体"→PoseMover，创建两个 PoseMover 组件（执行两次操作），用于操控压铸台中机械装置的姿态，如图 9-50 所示。

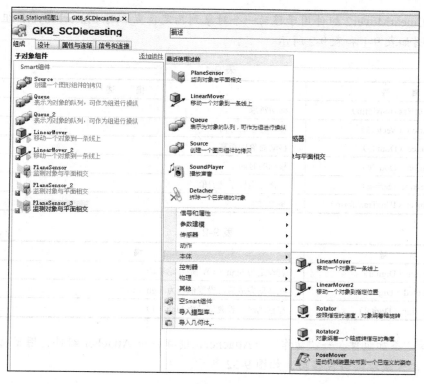

图 9-50

❼ 选择"添加组件"→"本体"→LinearMover2，创建一个 LinearMover2 组件（注意：LinearMover2 与 LinearMover_2 不一样），用于将货物移动到指定的位置，如图 9-51 所示。

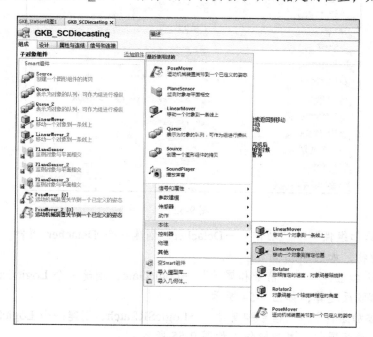

图 9-51

注意：LinearMover2 组件用于移动一个对象到指定位置。对 LinearMover2 组件中的参数、信号说明如表 9-1 和表 9-2 所示。

表 9-1

属 性	描 述
Object（IHasTransform）	移动对象
Direction（Vector3）	移动对象的方向
Distance（Double）	移动对象的距离
Duration（Double）	移动的时间
Reference（String）	已指定坐标系统的值
ReferenceObject（IHasTransform）	参考对象

表 9-2

信 号	描 述
Execute（Digital）	若设定为 high（1），则开始移动
Executed（Digital）	在移动完成后，设置信号为 high（1）
Executing（Digital）	在移动时，设置信号为 high（1）

❽ 选择"添加组件"→"动作"→Attacher，创建一个 Attacher 组件，用于将货物安装在压铸台上，并随着压铸台移动，如图 9-52 所示。

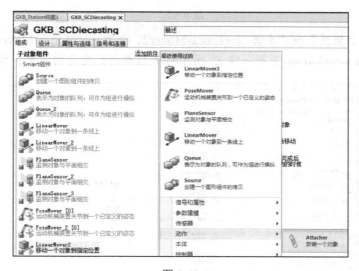

图 9-52

❾ 选择"添加组件"→"动作"→Detacher，创建一个 Detacher 组件，用于拆除安装在压铸台上的货物，如图 9-53 所示。

❿ 选择"添加组件"→"信号和属性"→LogicGate，创建一个 LogicGate 组件，用于对信号进行逻辑取反运算，如图 9-54 所示。

⓫ 选择"添加组件"→"信号和属性"→LogicSRLatch，创建一个 LogicSRLatch 组件，用于对输出信号进行置位、复制操作，如图 9-55 所示。

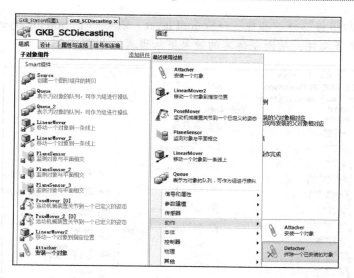

图 9-53

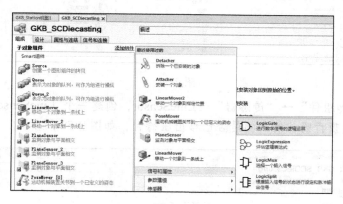

图 9-54

图 9-55

⑫ 选择"添加组件"→"其他"→SoundPlayer，创建一个 SoundPlayer 组件，用于在仿真运行时播放声音文件，从而令仿真的效果更加逼真，如图 9-56 所示。

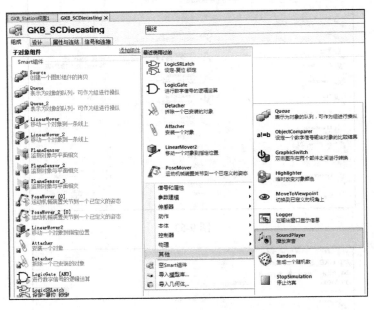

图 9-56

⑬ 选择"添加组件"→"传感器"→LineSensor，创建一个 LineSensor 组件，用于检测工业机器人通过吸盘吸住的货物是否已移出压铸台，如图 9-57 所示。

图 9-57

⓮ 关联 SoundPlayer 组件的声音文件（必须为 WAV 格式文件）：在 GKB_SCDiecasting 选项卡的最下方单击"添加 Asset"，弹出"打开"对话框。依次选择 BookFile→"声音"→"压铸台"→"送料.wav"，即添加"送料.wav"文件，如图 9-58 所示。按照相同的方法，添加"推料.wav""压铸台合.wav""压铸台退.wav"文件。

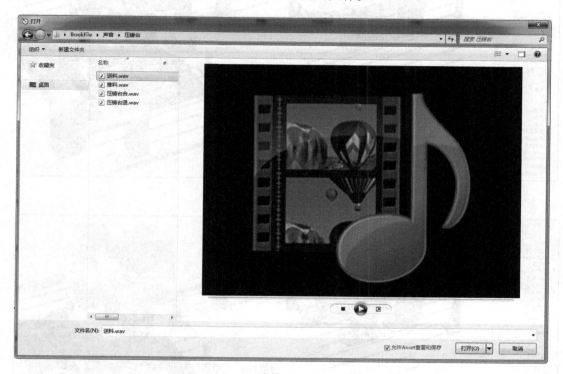

图 9-58

⓯ 添加完成后，GKB_SCDiecasting 选项卡的部分显示如图 9-59 所示。

资产	
Asset名字	原始源
送料.wav	C:\Users\Shark\Desktop\BookFile\声音\压铸台\送料.wav
推料.wav	C:\Users\Shark\Desktop\BookFile\声音\压铸台\推料.wav
压铸台合.wav	C:\Users\Shark\Desktop\BookFile\声音\压铸台\压铸台合.wav
压铸台退.wav	C:\Users\Shark\Desktop\BookFile\声音\压铸台\压铸台退.wav
添加Asset 设定图标 更新所有Assets 视图 保存 删除	

图 9-59

⓰ 切换到"布局"选项卡，将之前测试的"小货物"删除，再复制一个"小货物"，并粘贴在工作站中（注意：这样可以使小货物位于压铸台供料槽的上方，便于设置其属性），如图 9-60 所示。

⓱ 右键单击"模拟货物"下的"小货物"（重新复制的"小货物"），在弹出的快捷菜单中取消选中"可见"命令，即将"小货物"隐藏起来，以便下次需要时使用，如图 9-61 所示。

图 9-60

图 9-61

⑱ 在组件创建完毕后，依次设置组件的属性。右键单击 Source，在弹出的快捷菜单中选择"属性"命令，如图 9-62 所示（图片右侧将对 Source 组件的参数进行说明），此时出现"属性：Source"选项卡。

⑲ 在 Source 下拉列表中选中"小货物"，如图 9-63 所示。设置完成后单击"应用"按钮。

⑳ 按照同样的方法，打开"属性：LinearMover"选项卡，参数设置如图 9-64 所示。设置完成后单击"应用"按钮。

㉑ 按照同样的方法，打开"属性：LinearMover_2"选项卡，参数设置如图 9-65 所示。设置完成后单击"应用"按钮。

图 9-62

图 9-63

图 9-64

❷❷ 切换到"GKB_Station：视图 1"选项卡，将捕捉工具设置为"捕捉末端"工具 。打开"属性：PlaneSensor"选项卡，单击 Origin 下的数值框，直至光标闪动。将光标移到如图 9-66 所示的位置（圆圈标注），在出现灰色小球时单击鼠标。此时，在 Origin 下的数值框内将出现选中点的位置坐标。"属性：PlaneSensor"中的其他参数设置如图 9-67 所示，单击"应用"按钮。

图 9-65

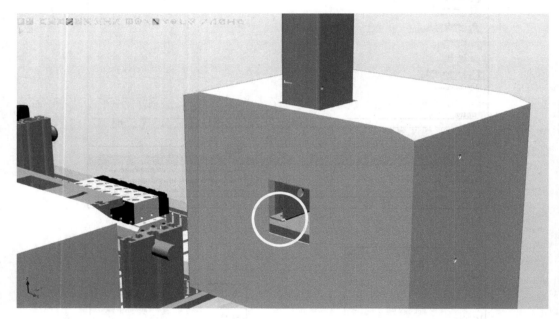

图 9-66

图 9-67

❷❸ 按照同样的方式，设置"属性：PlaneSensor_2"选项卡。单击 Origin 下的数值框，直至光标闪动。将光标移到如图 9-68 所示的位置（圆圈标注），在出现灰色小球时单击鼠标。此时，在 Origin 下的数值框内将出现选中点的位置坐标。"属性：PlaneSensor_2"中的其他参数设置如图 9-69 所示，单击"应用"按钮。

图 9-68

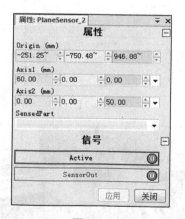

图 9-69

❷❹ 按照同样的方式，设置"属性：PlaneSensor_3"选项卡。单击 Origin 下的数值框，直至光标闪动。将光标移到如图 9-70 所示的位置（圆圈标注），在出现灰色小球时单击鼠标。此时，在 Origin 下的数值框内将出现选中点的位置坐标。"属性：PlaneSensor_3"中的其他参数设置如图 9-71 所示，单击"应用"按钮。最终显示效果如图 9-72 所示。

❷❺ 右键单击 PoseMover[0]组件，在弹出的快捷菜单中选择"属性"命令，此时出现"属性：PoseMover[0]"选项卡。参数设置如图 9-73 所示，单击"应用"按钮。

❷❻ 右键单击 PoseMover_2[0]组件，在弹出的快捷菜单中选择"属性"命令，此时出现"属性：PoseMover_2[0]"选项卡。参数设置如图 9-74 所示，单击"应用"按钮。

图 9-70

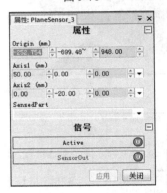

图 9-71

图 9-72

图 9-73

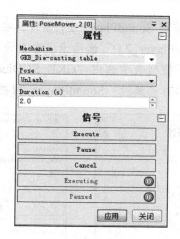

图 9-74

❷ 右键单击 LinearMover2 组件（注意不是 LinearMover_2，这两个组件不一样），在弹出的快捷菜单中选择"属性"命令，此时出现"属性：LinearMover2"选项卡。参数设置如图 9-75 所示，单击"应用"按钮。

❷ 右键单击 Attacher 组件，在弹出的快捷菜单中选择"属性"命令，此时出现"属性：Attacher"选项卡。参数设置如图 9-76 所示，单击"应用"按钮。

图 9-75

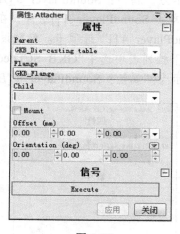

图 9-76

❷ 右键单击 LogicGate 组件，在弹出的快捷菜单中选择"属性"命令，此时出现"属性：LogicGate"选项卡。参数设置如图 9-77 所示，单击"应用"按钮。注意：在 Operator 下拉列表中选中 NOT 后，"属性：LogicGate"选项卡将显示为"属性：LogicGate[NOT]"选项卡。

❸ 右键单击 SoundPlayer[]组件，在弹出的快捷菜单中选择"属性"命令，此时出现"属性：SoundPlayer[]"选项卡。参数设置如图 9-78 所示，单击"应用"按钮。注意：在 SoundAsset 下拉列表中选中"GKB_SCDiecasting/送料.wav"后，"属性：SoundPlayer[]"选项卡将显示为"属性：SoundPlayer[送料.wav]"选项卡。

❸ 右键单击 SoundPlayer_2 []组件，在弹出的快捷菜单中选择"属性"命令，此时出现
"属性：SoundPlayer_2 []"选项卡。参数设置如图 9-79 所示，单击"应用"按钮。注意：在
SoundAsset 下拉列表中选中"GKB_SCDiecasting/推料.wav"后，"属性：SoundPlayer_2 []"
选项卡将显示为"属性：SoundPlayer_2 [推料.wav]"选项卡。

图 9-77　　　　　　　　　　图 9-78　　　　　　　　　　图 9-79

❸ 右键单击 SoundPlayer_3 []组件，在弹出的快捷菜单中选择"属性"命令，此时出现
"属性：SoundPlayer_3 []"选项卡。参数设置如图 9-80 所示，单击"应用"按钮。注意：在
SoundAsset 下拉列表中选中"GKB_SCDiecasting/压铸台合.wav"后，"属性：SoundPlayer_3 []"
选项卡将显示为"属性：SoundPlayer_3 [压铸台合.wav]"选项卡。

❸ 右键单击 SoundPlayer_4 []组件，在弹出的快捷菜单中选择"属性"命令，此时出现
"属性：SoundPlayer_4 []"选项卡。参数设置如图 9-81 所示，单击"应用"按钮。注意：在
SoundAsset 下拉列表中选中"GKB_SCDiecasting/压铸台退.wav"后，"属性：SoundPlayer_4[]"
选项卡将显示为"属性：SoundPlayer_4 [压铸台退.wav]"选项卡。

图 9-80　　　　　　　　　　　　图 9-81

❸ 切换到"GKB_Station：视图 1"选项卡。选择"捕捉中心"工具◎，单击"属性：
LineSensor"选项卡中 Start 下的数值框，直至光标闪动。将光标放在如图 9-82 所示的位置
（圆圈标记），在出现灰色小球时单击鼠标左键。此时，在 Start 下的数值框内将出现选中点
的位置坐标。

❸ 单击"属性：LineSensor"选项卡中 End 下的数值框，直至光标闪动。将光标放在
如图 9-83 所示的位置（圆圈标记），在出现灰色小球时单击鼠标左键。此时，在 End 下的
数值框内将出现选中点的位置坐标。

图 9-82

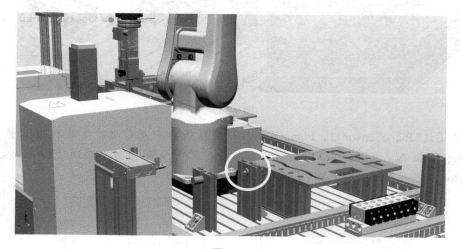

图 9-83

⑯ 其他参数设置如图 9-84 所示，单击"应用"按钮。显示效果如图 9-85 所示。

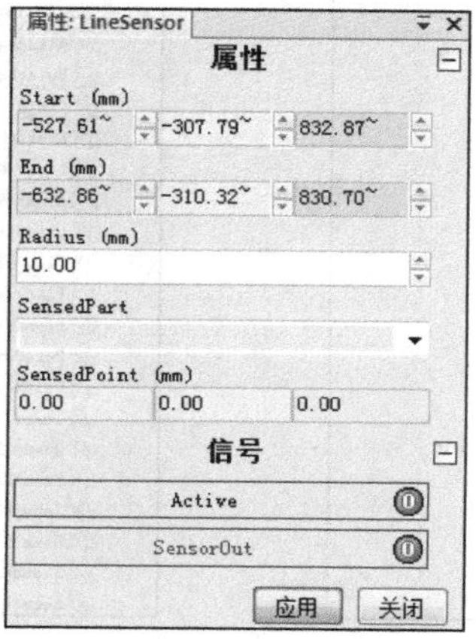

图 9-84

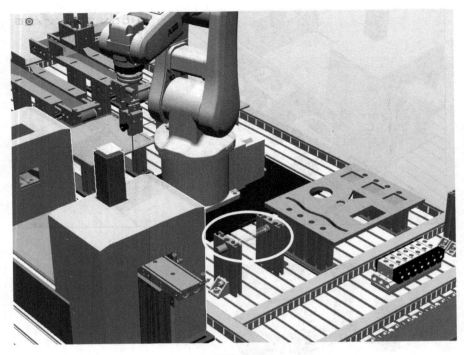

图 9-85

❸ 为了让 PlaneSensor_2、PlaneSensor_3 与压铸台一起移动，可将机械装置 GKB_Die-casting table 拖入 GKB_SCDiecasting 组件中，如图 9-86 所示。再将 PlaneSensor_2 与 PlaneSensor_3 拖入机械装置 GKB_Die-casting table 中，如图 9-87 所示。

图 9-86   图 9-87

㊳　此时将弹出"更新位置"对话框，询问是否希望更新 PlaneSensor_2 与 PlaneSensor_3 的位置。单击"否"按钮，如图 9-88 和图 9-89 所示。

　　　　　　　图 9-88　　　　　　　　　　　　　　　　　图 9-89

至此，完成创建 Smart 组件，效果如图 9-90 所示。

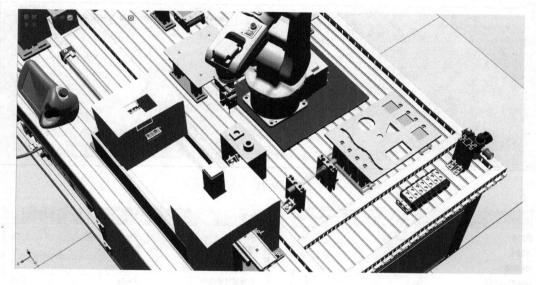

图 9-90

9.2.2　设置"属性与连结"选项卡

❶　切换到"属性与连结"选项卡，单击最下方的"添加连结"，弹出"添加连结"对话框。

❷　按照如图 9-91 所示的参数设置"添加连结"对话框，表示将 Source 组件复制出来的货物作为 Queue（队列_1）的对象，单击"确定"按钮。

❸　按照如图 9-92 所示的参数设置"添加连结"对话框，表示将 PlaneSensor（面传感器_1）检测到的货物作为 Queue_2（队列_2）的对象，单击"确定"按钮。

❹　按照如图 9-93 所示的参数设置"添加连结"对话框，表示将 PlaneSensor_2（面传感器_2）检测到的货物作为安装的子对象，单击"确定"按钮。

❺　按照如图 9-94 所示的参数设置"添加连结"对话框，表示将安装的子对象作为拆除的子对象，单击"确定"按钮。

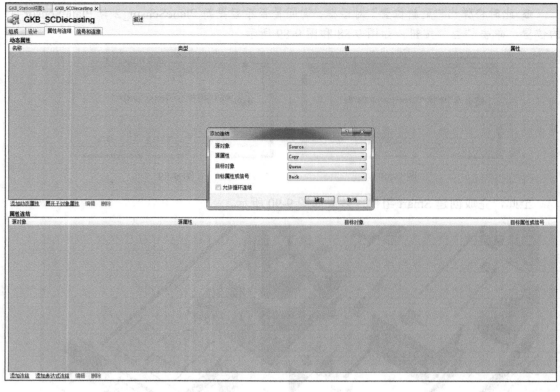

图 9-91

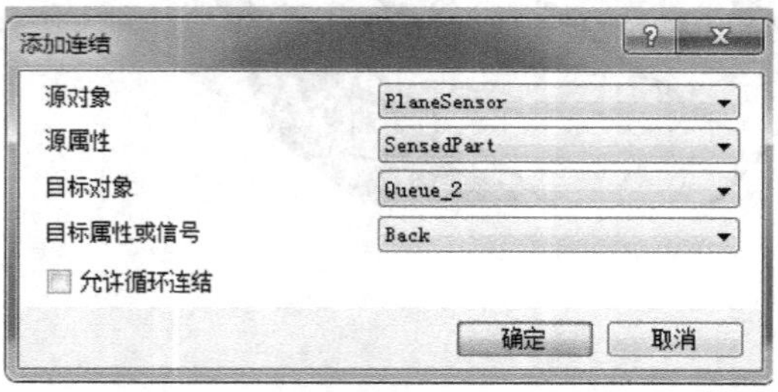

图 9-92 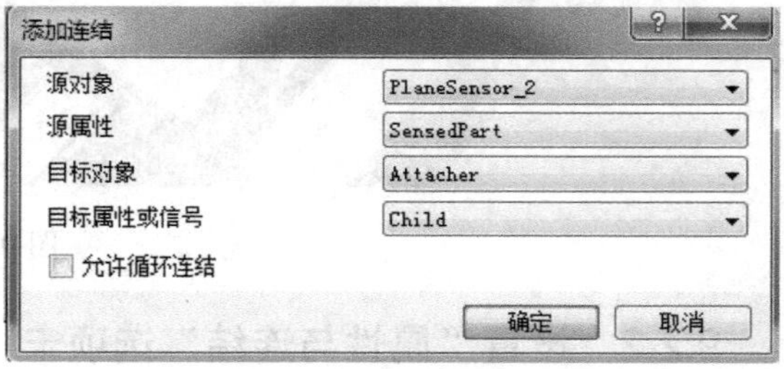   图 9-93

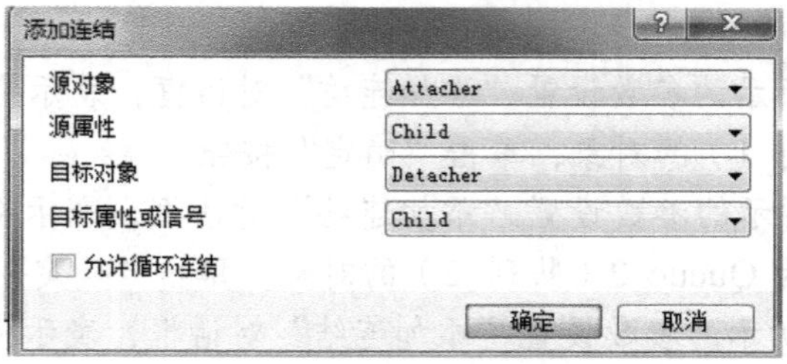

图 9-94

❻ 按照如图 9-95 所示的参数设置"添加连结"对话框，表示将 Source 组件复制出来的货物作为 LinearMover2 的对象，单击"确定"按钮。

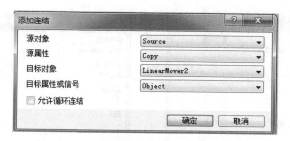

图 9-95

9.2.3 设置"信号和连接"选项卡

❶ 切换到"信号和连接"选项卡，单击"添加 I/O Signals"，弹出"添加 I/O Signals"对话框。

❷ 在"添加 I/O Signals"对话框中，添加一个"信号类型"为 DigitalInput、"信号名称"为 DC_DI0 的信号（用于激活传感器进行检测），如图 9-96 所示。设置完成后单击"确定"按钮。

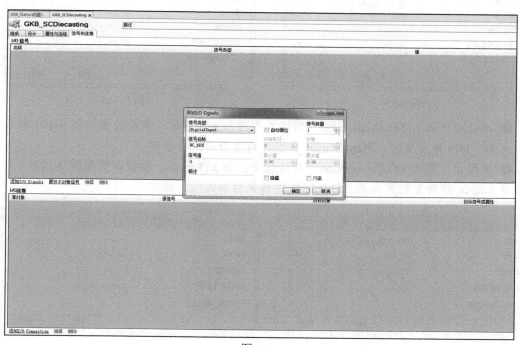

图 9-96

❸ 继续单击"添加 I/O Signals"，在弹出的"添加 I/O Signals"对话框中添加一个"信号类型"为 DigitalInput、"信号名称"为 DC_DI1 的信号（用于在没有货物复制时，手工复制货物）。选中"自动复位"复选框，如图 9-97 所示。设置完成后单击"确定"按钮。

❹ 继续单击"添加 I/O Signals"，在弹出的"添加 I/O Signals"对话框中，添加一个"信号类型"为 DigitalOutput、"信号名称"为 DC_DO0 的信号（用于在压铸完成后，通知工业机器人可以取料了），如图 9-98 所示。设置完成后单击"确定"按钮。

图 9-97 　　　　　　　　　　　　　　　 图 9-98

❺ 单击"信号和连接"选项卡下方的"添加 I/O Connection"，弹出"添加 I/O Connection"对话框。参数设置如图 9-99 所示，表示当 DC_DI1 被置 1 时，Source 组件将执行复制操作。

❻ 继续在"添加 I/O Connection"对话框中添加 I/O 连接。参数设置如图 9-100 所示，表示当 DC_DI0 被置 1 时，PlaneSensor 组件将被激活进行检测。

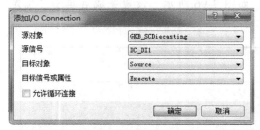 

图 9-99 　　　　　　　　　　　　　　　 图 9-100

❼ 继续在"添加 I/O Connection"对话框中添加 I/O 连接。参数设置如图 9-101 所示，表示当 DC_DI0 被置 1 时，PlaneSensor_2 组件将被激活进行检测。

❽ 继续在"添加 I/O Connection"对话框中添加 I/O 连接。参数设置如图 9-102 所示，表示当 Source 组件复制完成后，Queue 组件将执行加入队列动作。

 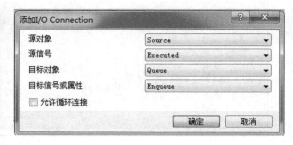

图 9-101 　　　　　　　　　　　　　　　 图 9-102

❾ 继续在"添加 I/O Connection"对话框中添加 I/O 连接。参数设置如图 9-103 所示，表示当 PlaneSensor 组件检测到物体时，Queue 组件将执行退出队列动作。

❿ 继续在"添加 I/O Connection"对话框中添加 I/O 连接。参数设置如图 9-104 所示，表示当 PlaneSensor 组件检测到物体时，PoseMover 组件将机械装置移至[Dis-casting]姿态。

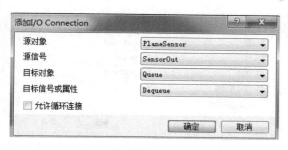

图 9-103　　　　　　　　　　　　　　　图 9-104

⓫ 继续在"添加 I/O Connection"对话框中添加 I/O 连接。参数设置如图 9-105 所示，表示当 PoseMover 组件将机械装置移至[Dis-casting]姿态后，Queue_2 组件执行加入队列动作。

⓬ 继续在"添加 I/O Connection"对话框中添加 I/O 连接。参数设置如图 9-106 所示，表示当 PlaneSensor_2 组件检测到物体时，Attacher 组件将执行安装动作。

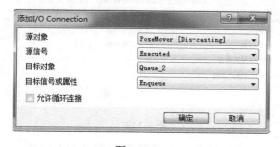

图 9-105　　　　　　　　　　　　　　　图 9-106

⓭ 继续在"添加 I/O Connection"对话框中添加 I/O 连接。参数设置如图 9-107 所示，表示当 PlaneSensor_2 组件检测到物体时，Queue_2 组件将执行退出队列动作。

⓮ 继续在"添加 I/O Connection"对话框中添加 I/O 连接。参数设置如图 9-108 所示，表示当 Attacher 组件执行完安装动作后，PoseMover_2 组件将机械装置移至[Unlash]姿态。

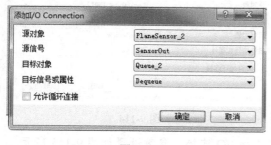
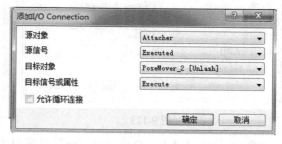

图 9-107　　　　　　　　　　　　　　　图 9-108

⓯ 继续在"添加 I/O Connection"对话框中添加 I/O 连接。参数设置如图 9-109 所示，表示当 PoseMover_2 组件的动作完成后，LinearMover2 组件执行移动物体动作。

⓰ 继续在"添加 I/O Connection"对话框中添加 I/O 连接。参数设置如图 9-110 所示，表示当 LinearMover2 组件的动作完成后，对 LogicSRLatch 组件执行置位动作。

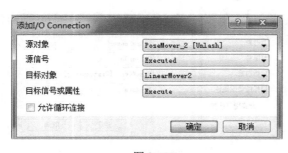

图 9-109

图 9-110

⓱ 继续在"添加 I/O Connection"对话框中添加 I/O 连接。参数设置如图 9-111 所示，表示将 PlaneSensor_3 组件的信号与 LogicGate 组件的输入信号关联起来。

⓲ 继续在"添加 I/O Connection"对话框中添加 I/O 连接。参数设置如图 9-112 所示，表示当 LogicGate 组件经过运算后输出的信号为 1 时，对 LogicSRLatch 组件执行复位动作。

图 9-111

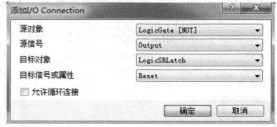

图 9-112

⓳ 继续在"添加 I/O Connection"对话框中添加 I/O 连接。参数设置如图 9-113 所示，表示在 PoseMover_2 组件的动作完成后，Detacher 组件执行拆除动作。

⓴ 继续在"添加 I/O Connection"对话框中添加 I/O 连接。参数设置如图 9-114 所示，表示在 LogicGate 组件经过运算后输出的信号为 1 时，激活 LineSensor 组件进行检测。

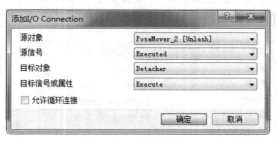

图 9-113

图 9-114

㉑ 继续在"添加 I/O Connection"对话框中添加 I/O 连接。参数设置如图 9-115 所示，表示当 LineSensor 组件检测到物体时，触发 Source 组件执行复制动作。

㉒ 继续在"添加 I/O Connection"对话框中添加 I/O 连接。参数设置如图 9-116 所示，表示当 PoseMover 组件的动作完成后，SoundPlayer 组件播放声音文件"送料.wav"。

㉓ 继续在"添加 I/O Connection"对话框中添加 I/O 连接。参数设置如图 9-117 所示，表示当 PlaneSensor_2 组件检测到物体后，SoundPlayer_4 组件播放声音文件"压铸台退.wav"。

㉔ 继续在"添加 I/O Connection"对话框中添加 I/O 连接。参数设置如图 9-118 所示，

表示当 PlaneSensor 组件检测到物体后，SoundPlayer_3 组件播放声音文件"压铸台合.wav"。

图 9-115

图 9-116

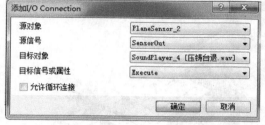

图 9-117

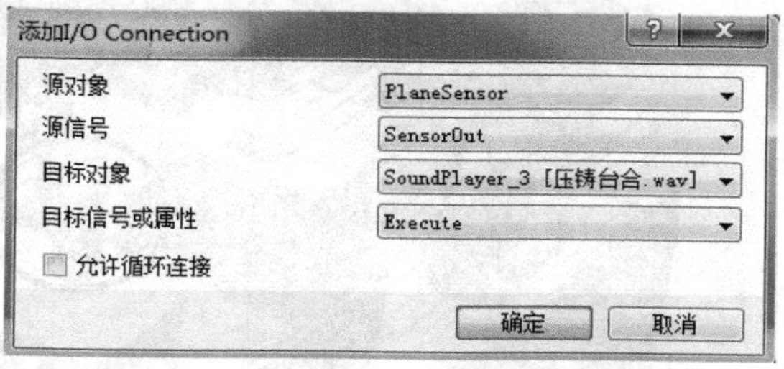

图 9-118

❷ 继续在"添加 I/O Connection"对话框中添加 I/O 连接。参数设置如图 9-119 所示，表示当 PoseMover_2 组件的动作完成后，SoundPlayer_2 组件播放声音文件"推料.wav"。

❷ 继续在"添加 I/O Connection"对话框中添加 I/O 连接。参数设置如图 9-120 所示，表示将 LogicSRLatch 组件与 DC_DO0 信号关联起来。

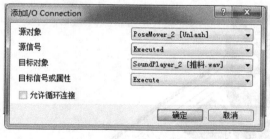

图 9-119

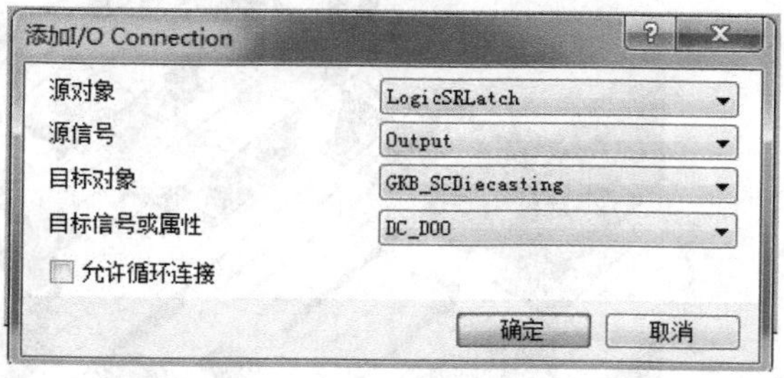

图 9-120

❷ 继续在"添加 I/O Connection"对话框中添加 I/O 连接。参数设置如图 9-121 所示，表示当 DC_DI0 信号为 1 时，激活 PlaneSensor_3 进行检测。

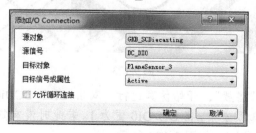

图 9-121

9.2.4 仿真运行压铸台

❶ 切换到"GKB_Station：视图 1"选项卡，在左侧的"布局"选项卡中，右键单击"小货物"，在弹出的快捷菜单中取消选中"小货物"命令，即将"小货物"隐藏（其是复制的源货物，为了将它保护起来、避免误删，此处将其隐藏起来）。隐藏前后的对比如图 9-122 和图 9-123 所示。

图 9-122

图 9-123

❷ 选择"仿真"→"播放"，开始仿真运行。双击 GKB_SCDiecasting，在出现的"属性：GKB_SCDiecasting"选项卡中，将 DC_DI0 置为 1。若此时没有货物，则再单击 DC_DI1，使之复制一个小货物参与仿真，如图 9-124 所示。

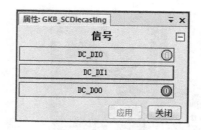

图 9-124

❸ 此时观察是否会产生一个小货物，在货物掉下后压铸台合起，如图 9-125 所示。在压铸动作完成后，是否在另一端推出小货物的一小部分，如图 9-126 所示，并设置 DC_DO0 为 1，如图 9-127 所示。

（a）小货物掉下

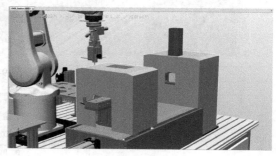

（b）小货物掉到位

（c）压铸台开始合起

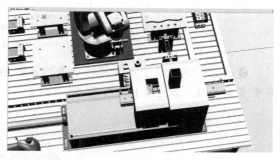

（d）压铸台合到位

（e）小货物推到另一个台子上

图 9-125

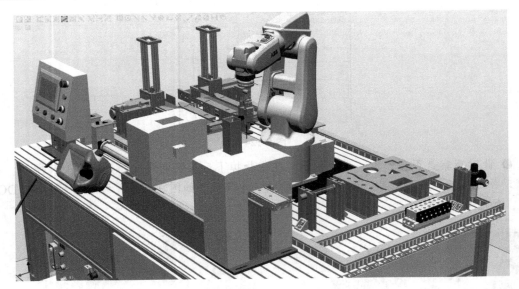

图 9-126

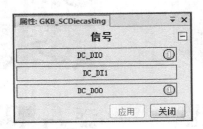

图 9-127

❹ 利用 "移动" 工具 ⬚ 将推出来的小货物移出压铸台，如图 9-128 所示。观察 DC_DO0 是否复位为 0，如图 9-129 所示。

图 9-128

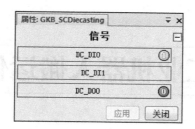

图 9-129

❺ 将小货物放到线传感器能够检测到的位置，观察是否会再次复制小货物，并重复执行压铸动作，如图 9-130 所示。

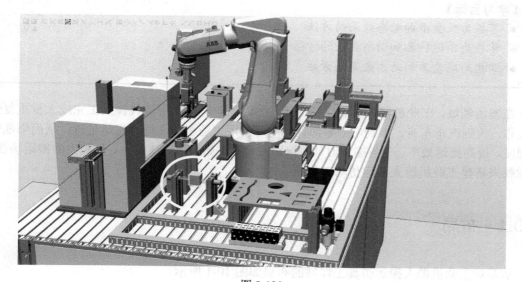

图 9-130

❻ 如果一切正常，则在测试结束后可以选择"仿真"→"停止"，停止仿真过程；选择"仿真"→"重置"，恢复仿真前的状态，方便进行下一次仿真。如果想要与工业机器人的信号关联起来，请参考前面第 6 章的设置工作站逻辑。

知识点练习

❶ 为吸盘添加动态效果。
❷ 为压铸台添加动态效果。
❸ 独立测试吸盘与压铸台的仿真效果。

第 10 章

实战：搭建工业机器人搬运仿真工作站

【学习目标】
- 掌握为吸盘添加动态效果的方法
- 掌握为输送链添加动态效果的方法
- 掌握为码盘添加动态效果的方法

在搬运领域，工业机器人有着广泛应用。因为工业机器人可以代替人工完成大量重复性的工作，大到汽车车身、小到电子零部件，均可使用工业机器人进行搬运处理，从而降低劳动强度、提高搬运效率、节省搬运时间，特别适合一些数量多、质量大、体积大的搬运场合。本章就来搭建工业机器人搬运仿真工作站

10.1 布局

本章对工业机器人搬运仿真工作站的布局如图 10-1 所示。

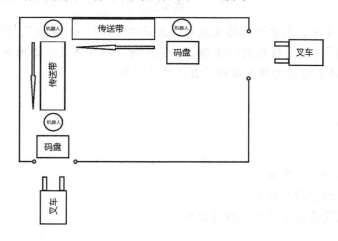

图 10-1

下面开始搭建工业机器人搬运仿真工作站，操作步骤如下。

❶ 选择"文件"→"新建"→"空工作站"，创建一个新的工作站，如图 10-2 所示。

❷ 选择"基本"→"ABB 模型库"→ IRB2600，导入一台 IRB2600 工业机器人（IRB2600_12_165_02），如图 10-3 所示。

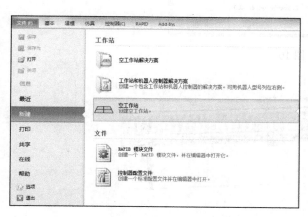

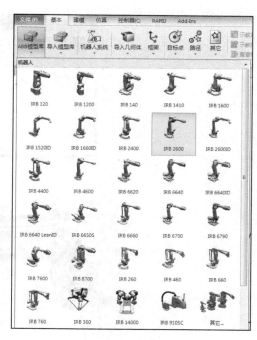

图 10-2　　　　　　　　　　　　　图 10-3

❸ 选择"基本"→"导入模型库"→"设备"→"输送链 Guide"，如图 10-4 所示。此时将弹出"输送链 Guide"对话框。

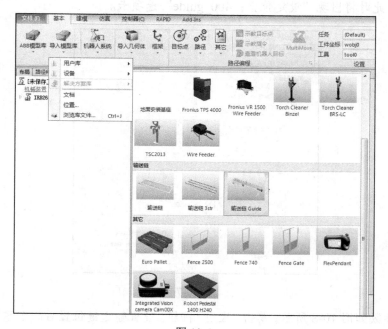

图 10-4

❹ 在"输送链 Guide"对话框中，设置"宽度"为 400mm，单击"确定"按钮，如图 10-5 所示。导入 IRB2600 工业机器人和输送链 Guide（400_guide）后的效果如图 10-6 所示。

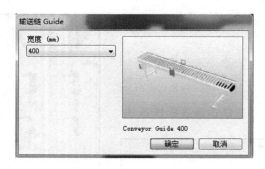

图 10-5

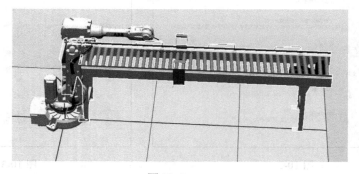

图 10-6

❺ 右键单击 400_guide，在弹出的快捷菜单中选择"位置"→"设定位置"命令，如图 10-7 所示。此时将出现"设定位置：400_guide"选项卡。

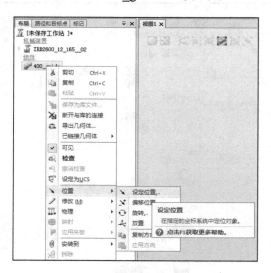

图 10-7

❻ 设置参数如图 10-8 所示，单击"应用"按钮。设置输送链位置后的示意效果如图 10-9 所示。

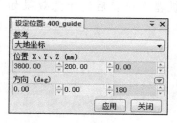

图 10-8

图 10-9

❼ 按照上述步骤再添加一个输送链：选择"基本"→"导入模型库"→"设备"→"输送链 Guide"。在弹出的"输送链 Guide"对话框，设置"宽度"为 400mm，单击"确定"按钮。导入第二个输送链（400_guide_2）的效果如图 10-10 所示。

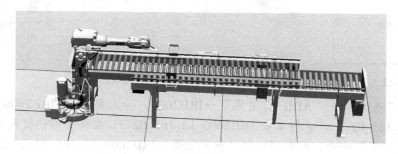

图 10-10

❽ 右键单击 400_guide_2，在弹出的快捷菜单中选择"位置"→"设定位置"命令，此时将出现"设定位置：400_guide_2"选项卡。设置参数如图 10-11 所示，单击"应用"按钮。设置输送链位置后的示意效果如图 10-12 所示。

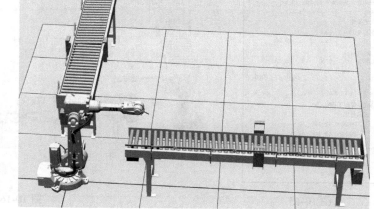

图 10-11

图 10-12

❾ 选择"基本"→"ABB 模型库"→ IRB2600，导入第二台 IRB2600 工业机器人（IRB2600_12_165_02_2）。右键单击 IRB2600_12_165_02_2，在弹出的快捷菜单中选择"位

置"→"设定位置"命令，此时将出现"设定位置：IRB2600_12_165_02_2"选项卡。设置
参数如图 10-13 所示，单击"应用"按钮。设置第二台工业机器人位置后的示意效果如
图 10-14 所示。

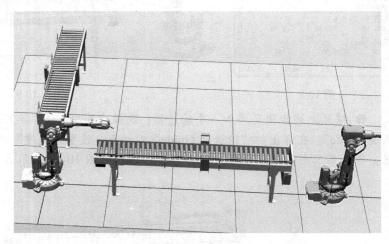

图 10-13   图 10-14

❿ 选择"基本"→"ABB 模型库"→IRB2600，导入第三台 IRB2600 工业机器人
（IRB2600_12_165_02_3）。右键单击 IRB2600_12_165_02_3，在弹出的快捷菜单中选择"位
置"→"设定位置"命令，此时将出现"设定位置：IRB2600_12_165_02_3"选项卡。设置
参数如图 10-15 所示，单击"应用"按钮。设置第三台工业机器人位置后的示意效果如图 10-16
所示。

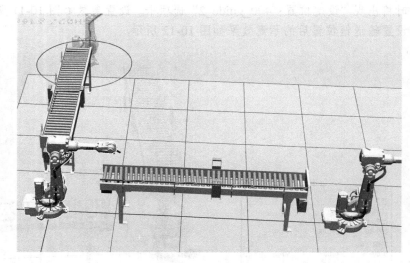

图 10-15   图 10-16

⓫ 选择"基本"→"导入模型库"→"设备"→Euro Pallet，导入一个码盘（Euro Pallet），
如图 10-17 所示。

图 10-17

⑫ 通过"移动"工具 将其拖放到如图 10-18 所示的位置。

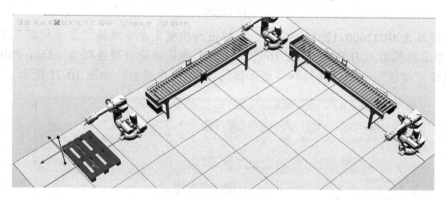

图 10-18

⑬ 右键单击 IRB2600_12_165_02_2，在弹出的快捷菜单中选择"显示机器人工作区域"命令，检查工业机器人 IRB2600_12_165_02_2 的工作区域是否覆盖码盘（Euro Pallet），如图 10-19 所示。

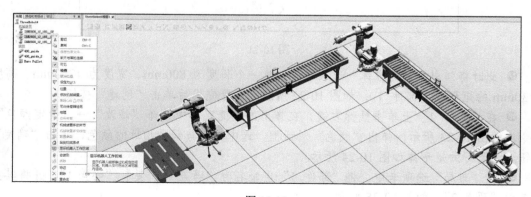

图 10-19

⑭ 选择"基本"→"导入模型库"→"设备"→Euro Pallet, 再导入一个码盘(Euro Pallet_2)。通过"移动"工具 🖰 将其拖放到如图 10-20 所示的位置。

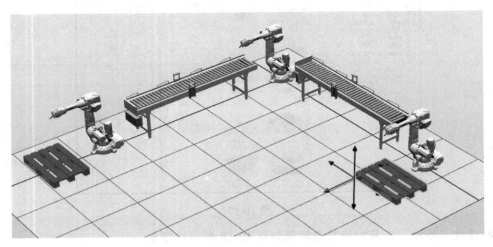

图 10-20

⑮ 右键单击 IRB2600_12_165_02_3, 在弹出的快捷菜单中选择"显示机器人工作区域"命令, 检查工业机器人 IRB2600_12_165_02_3 的工作区域是否覆盖码盘(Euro Pallet_2)。

⑯ 选择"建模"→"固体"→"矩形体", 建立码盘盖板, 如图 10-21 所示。

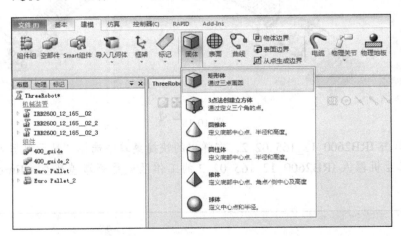

图 10-21

⑰ 此时将弹出"创建方体"选项卡。创建一个长度为 800mm、宽度为 1200mm、高度为 30mm 的矩形体(部件_1), 如图 10-22 所示。设置完成后单击"创建"按钮。

⑱ 在"部件_1"上单击鼠标右键, 在弹出的快捷菜单中选择"修改"→"设定颜色"命令, 如图 10-23 所示, 弹出"颜色"对话框。选中其中与码盘相近的颜色, 单击"确定"按钮。设置好的矩形体如图 10-24 所示。

⑲ 在"布局"选项卡中, 将"部件_1"重命名为"码盖 1"。复制"码盖 1", 并将其重命名为"码盖 2", 如图 10-25 所示。

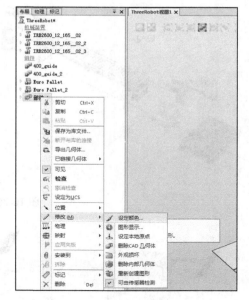

图 10-22   图 10-23

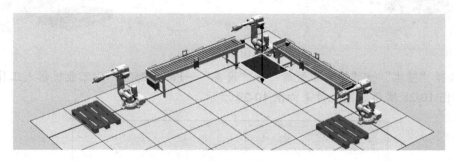

图 10-24

图 10-25

⓴ 选择"移动"工具 🔧 将"码盖_1"和"码盖_2"拉起，将其放置到两个码盘上。放置效果如图 10-26 所示。

㉑ 创建三个工业机器人的吸盘工具——GKB_Tool（吸盘的创建方法请参见第 6 章的相关内容，这里不再赘述），并分别安装到三台工业机器人上，效果如图 10-27 所示。

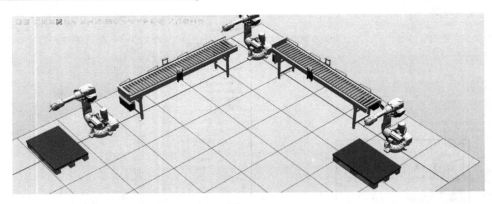

图 10-26

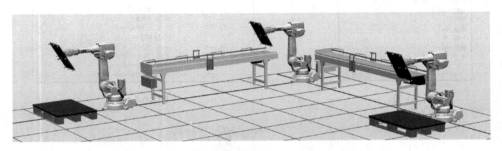

图 10-27

❷ 选择 "基本" → "导入模型库" → "设备" →Fence 2500，为工业机器人工作站添加围栏，如图 10-28 所示。围栏效果如图 10-29 所示。

图 10-28

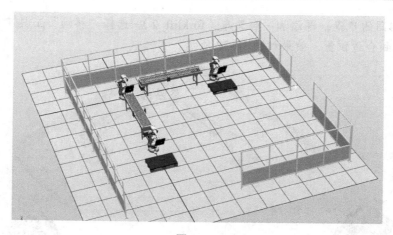

图 10-29

㉓ 选择"基本"→"导入模型库"→"浏览库文件"，如图 10-30 所示，弹出"打开"对话框。依次选择 BookFile→"模型"→"叉车模型"→fork lift.rslib，即添加一台叉车（forklift），如图 10-31 所示。

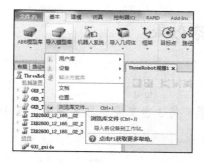

图 10-30

图 10-31

㉔ 按照相同的步骤，再添加一台叉车（forklift_2）。选择"移动"工具 ⬚ 将 forklift 和 forklift_2 拖放到合适位置，效果如图 10-32 所示。

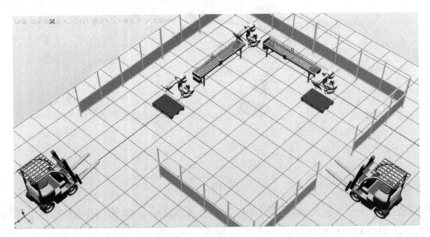

图 10-32

10.2 为吸盘添加动态效果

10.2.1 创建 Smart 组件

❶ 通过"手动关节"工具 ⬚ 将 3 台工业机器人调至如图 10-33 所示的姿态。

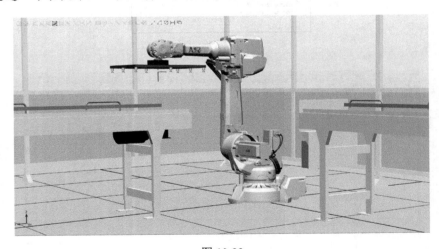

图 10-33

❷ 选择"建模"→"Smart 组件"，创建一个 Smart 组件，如图 10-34 所示，并将其重命名为 GKB_Pick。

❸ 为了方便对工具进行处理，可将 GKB_Tool 拆除。右键单击 GKB_Tool，在弹出的快捷菜单中选择"拆除"命令，即可将 GKB_Tool 从工业机器人上拆除，如图 10-35 所示。

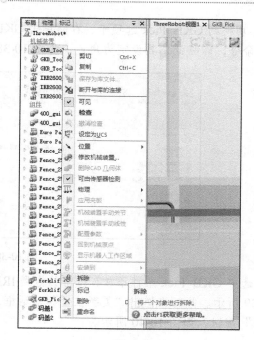

图 10-34

图 10-35

❹ 选中拆除后的 GKB_Tool 不放，在将其拖到 GKB_Pick 上方后松开鼠标左键，如图 10-36 所示。此时将弹出"更新位置"对话框，询问是否希望恢复 GKB_Tool 的位置。单击"否"按钮，如图 10-37 所示。

图 10-36

图 10-37

❺ 切换到 GKB_Pick 选项卡，右键单击 GKB_Tool，在弹出的快捷菜单中选择"设定为 Role"命令，即将此工具设定为角色，如图 10-38 所示。

图 10-38

❻ 选中 GKB_Pick 组件不放，在将其拖到 IRB2600_12_165_02 上方后松开鼠标左键，如图 10-39 所示。此时将弹出"更新位置"对话框，询问是否希望更新 GKB_Pick 的位置。单击"否"按钮，如图 10-40 所示。

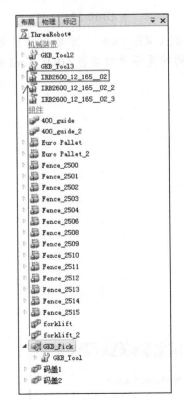

图 10-39

图 10-40

❼ 弹出"Tooldata 已存在"对话框，询问是否将工具数据替换，单击"是"按钮，如图 10-41 所示。

❽ 切换到 GKB_Pick 选项卡，选择"添加组件"→"传感器"→LineSensor（线传感器），添加一个 LineSensor 组件用于检测物体，如图 10-42 所示。

图 10-41

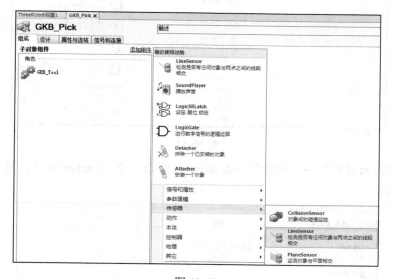

图 10-42

❾ 选择"添加组件"→"信号和属性"→LogicGate，添加一个 LogicGate 组件用于取反运算，如图 10-43 所示。

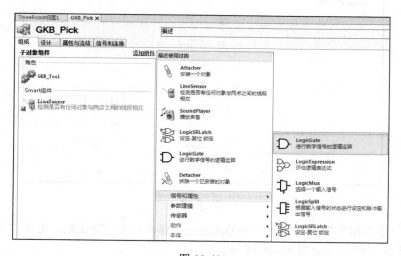

图 10-43

⑩ 选择"添加组件"→"信号和属性"→LogicSRLatch，添加一个 LogicSRLatch 组件，用于设置、复位输出信号，如图 10-44 所示。

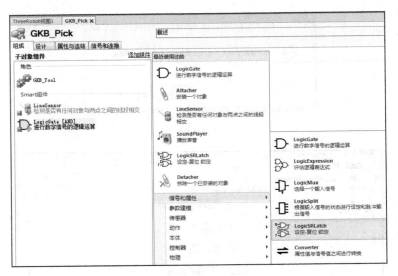

图 10-44

⑪ 选择"添加组件"→"动作"→Attacher，添加一个 Attacher 组件，用于安装对象，如图 10-45 所示。

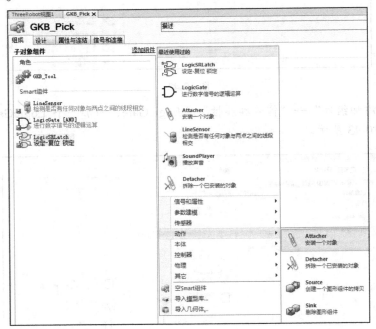

图 10-45

⑫ 选择"添加组件"→"动作"→Detacher，添加一个 Detacher 组件，用于将需要搬运的货物从吸盘上拆除，如图 10-46 所示。

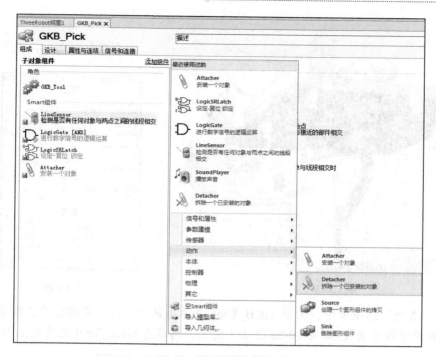

图 10-46

❸ 右键单击 LineSensor 组件，在弹出的快捷菜单中选择"属性"命令，如图 10-47 所示（图片右侧将对 LineSensor 组件的参数进行说明），即可出现"属性：LineSensor"选项卡。

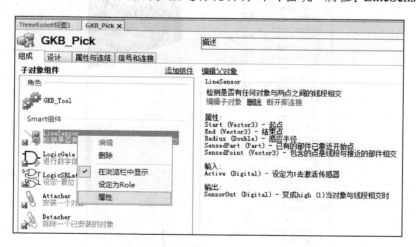

图 10-47

❹ 切换到"ThreeRobot：视图 1"选项卡，调整到如图 10-48 所示的视角，并确认此时的捕捉工具为"捕捉中心"工具◎。

❺ 单击"属性：LineSensor"选项卡中 Start 下的数值框，直至光标闪动。将光标放在吸盘中心附近，在表面中心出现灰色小球时单击鼠标左键（选取两次吸盘中心）。此时，在 Start、End 下的数值框内将出现选中点的位置坐标，如图 10-49 所示。注意，Start 下的第三个数值框（Z 方向）应略微增大，输入完成后单击"应用"按钮。

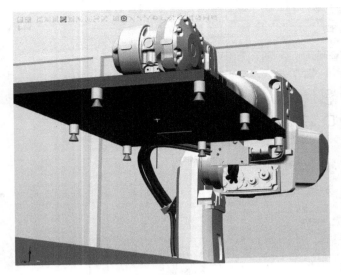

图 10-48

图 10-49

⓰ 在"布局"选项卡中，选中 GKB_Tool 并单击鼠标右键，在弹出的快捷菜单中取消选中"可由传感器检测"，如图 10-50 所示（避免传感器与 GKB_Tool 之间发生干扰）。

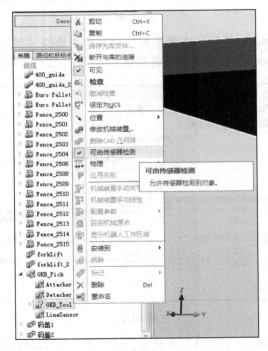

图 10-50

⓱ 右键单击 LogicGate 组件，在弹出的快捷菜单中选择"属性"命令，即可出现"属性：LogicGate[AND]"选项卡。将 Operator 设为 NOT，如图 10-51 所示。

⓲ 右键单击 Attacher 组件，在弹出的快捷菜单中选择"属性"命令，即可出现"属性：Attacher"选项卡。将 Parent 设为 GKB_Pick/GKB_Tool，如图 10-52 所示。

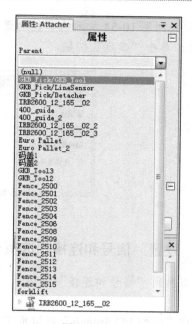

图 10-51

图 10-52

10.2.2 设置"属性与连结"选项卡

❶ 切换到"属性与连结"选项卡，单击最下方的"添加连结"，弹出"添加连结"对话框。

❷ 按照如图 10-53 所示的参数设置"添加连结"对话框，表示将 LineSensor 组件检测的部分作为 Attacher 组件的子对象，单击"确定"按钮。

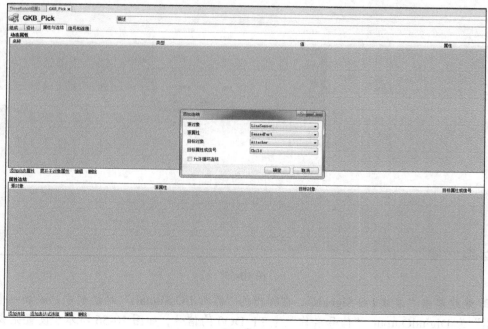

图 10-53

❸ 按照如图 10-54 所示的参数设置"添加连结"对话框，表示将安装的子对象作为拆除的子对象，单击"确定"按钮。

图 10-54

10.2.3 设置"信号和连接"选项卡

❶ 切换到"信号和连接"选项卡，单击"添加 I/O Signals"，弹出"添加 I/O Signals"对话框。

❷ 在"添加 I/O Signals"对话框中，添加一个"信号类型"为 DigitalInput、"信号名称"为 T1_DI0 的信号，如图 10-55 所示。设置完成后单击"确定"按钮。

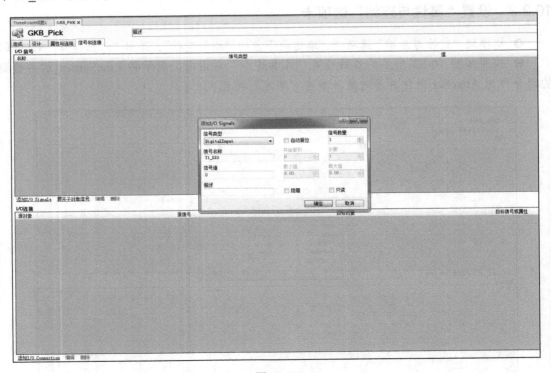

图 10-55

❸ 继续单击"添加 I/O Signals"，在弹出的"添加 I/O Signals"对话框中，添加一个"信号类型"为 DigitalOutput、"信号名称"为 T1_DO0 的信号，如图 10-56 所示。设置完成后单击"确定"按钮。

图 10-56

❹ 单击"信号和连接"选项卡下方的"添加 I/O Connection"，弹出"添加 I/O Connection"对话框。参数设置如图 10-57 所示，表示当 T1_DI0 信号为 1 时，触发线传感器 LineSensor 开始检测。

❺ 继续在"添加 I/O Connection"对话框中添加 I/O 连接。参数设置如图 10-58 所示，表示当 LineSensor 组件检测到物体时执行安装动作。

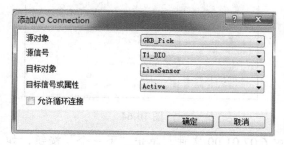

图 10-57

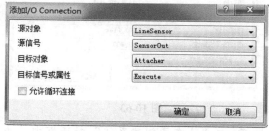

图 10-58

❻ 继续在"添加 I/O Connection"对话框中添加 I/O 连接。参数设置如图 10-59 所示，表示将 T1_DI0 信号与 LogicGate 组件的输入信号关联起来。

❼ 继续在"添加 I/O Connection"对话框中添加 I/O 连接。参数设置如图 10-60 所示，表示将 LogicGate 组件经过运算的输出信号与 Detacher 组件关联起来。

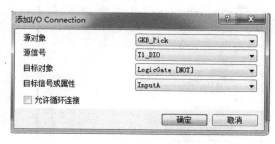

图 10-59

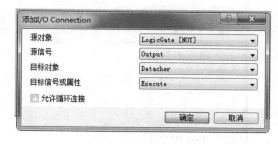

图 10-60

❽ 继续在"添加 I/O Connection"对话框中添加 I/O 连接。参数设置如图 10-61 所示，表示当 Attacher 组件的动作执行完毕后，置位 LogicSRLatch 组件。

❾ 继续在"添加 I/O Connection"对话框中添加 I/O 连接。参数设置如图 10-62 所示，表示当 Detacher 组件的动作执行完毕后，复位 LogicSRLatch 组件。

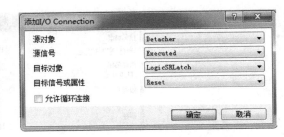

图 10-61   图 10-62

⑩ 继续在"添加 I/O Connection"对话框中添加 I/O 连接。参数设置如图 10-63 所示，表示将 LogicSRLatch 组件的输出信号与 T1_DO0 的输出信号关联起来。至此，吸盘 1 的动态效果添加完毕。其他吸盘的动态效果添加操作与上述步骤类似，这里不再赘述。在其他吸盘的动态效果添加完成后，可为工业机器人创建系统。选择"基本"→"机器人系统"→"从布局"，如图 10-64 所示，弹出"从布局创建系统"对话框。

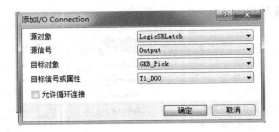

图 10-63   图 10-64

⑪ 在"从布局创建系统"对话框中，选中 6.07.01.00 文件，单击"下一个"按钮，如图 10-65 所示。在弹出的对话框中，继续单击"下一个"按钮，直至弹出如图 10-66 所示的对话框。单击"选项"按钮，弹出"更改选项"对话框。

图 10-65   图 10-66

⑫ 在"类别"下拉列表中选择 System Options；在"选项"下取消选中 English 复选框，改为选中 Chinese 复选框（设置后可将虚拟示教器的界面改为中文界面），单击"确定"按钮，如图 10-67 所示。

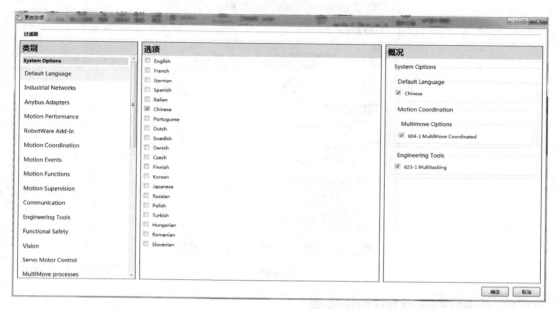

图 10-67

⑬ 继续在"类别"下拉列表中选择 System Options，在"选项"下选中"709-1 DeviceNet Master/Slave"（只有选中此复选框，才能创建标准 I/O 板与信号），单击"确定"按钮，如图 10-68 所示。

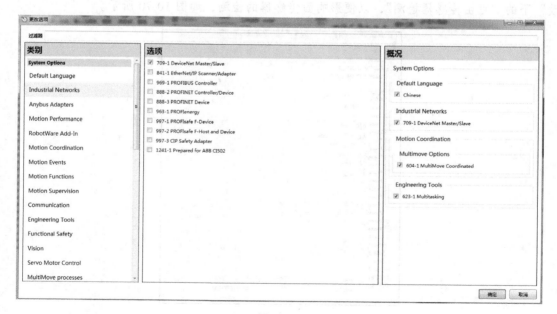

图 10-68

❹ 此时将返回"从布局创建系统"对话框，单击"完成"按钮即可完成工业机器人的系统创建，如图 10-69 所示。

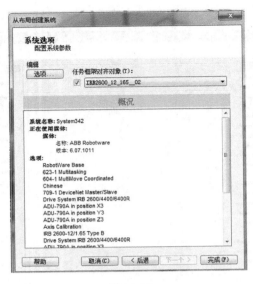

图 10-69

10.3　为输送链添加动态效果

10.3.1　创建 Smart 组件

❶ 在"布局"选项卡中，右键单击输送链 400_guide，在弹出的快捷菜单中取消选中"修改"下的"可由传感器检测"，以便影响面传感器的检测，如图 10-70 所示。

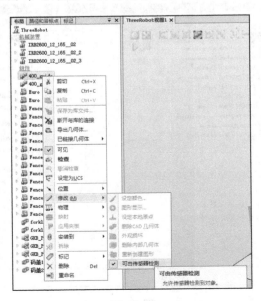

图 10-70

❷ 与上述操作相同，将输送链 400_guide_2 设置为不可由传感器检测，如图 10-71 所示。

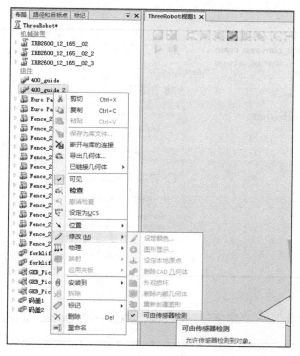

图 10-71

❸ 选择"建模" → "Smart 组件"，创建一个 Smart 组件，将其重命名为 GKB_conveyor chain。

❹ 切换到 GKB_conveyor chain 选项卡，选择"添加组件" → "传感器" →PlaneSensor（面传感器），添加两个 PlaneSensor 组件（执行两次相同的操作），如图 10-72 所示。

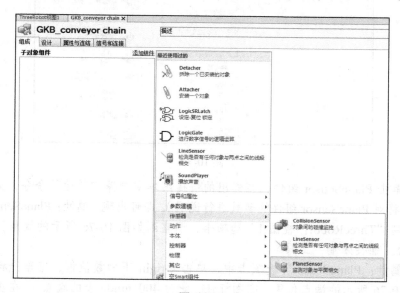

图 10-72

❺ 选择"添加组件"→"本体"→LinearMover，添加一个 LinearMover 组件，如图 10-73 所示。

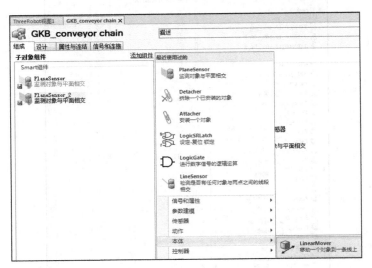

图 10-73

❻ 选择"添加组件"→"其他"→Queue，添加一个 Queue 组件，如图 10-74 所示。

图 10-74

❼ 右键单击 PlaneSensor 组件，在弹出的快捷菜单中选择"属性"命令，如图 10-75 所示（图片右侧将对 PlaneSensor 组件的参数进行说明），即可出现"属性：PlaneSensor"选项卡。

❽ 切换到"ThreeRobot：视图 1"选项卡，调整到如图 10-76 所示的视角，并确认此时的捕捉工具为"捕捉末端"工具。

❾ 在"属性：PlaneSensor"选项卡中，单击 Origin 下的数值框，直至光标闪动。将光标移到如图 10-76 所示的端点位置（圆圈标注，此为 400_guide 上的端点），在出现灰色小球时单击鼠标。此时，在 Origin 下的数值框内将出现选中点的位置坐标。"属性：PlaneSensor"

中的其他参数设置如图 10-77 所示，单击"应用"按钮。

图 10-75

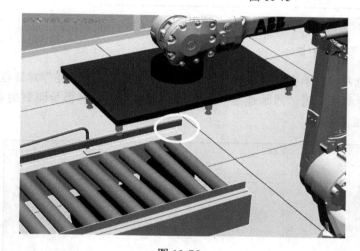

图 10-76

图 10-77

⑩ 在"属性：PlaneSensor_2"选项卡中，单击 Origin 下的数值框，直至光标闪动。将光标移到如图 10-78 所示的端点位置（圆圈标注，此为 400_guide_2 上的端点），在出现灰色小球时单击鼠标。此时，在 Origin 下的数值框内将出现选中点的位置坐标。"属性：PlaneSensor_2"中的其他参数设置如图 10-79 所示，单击"应用"按钮。

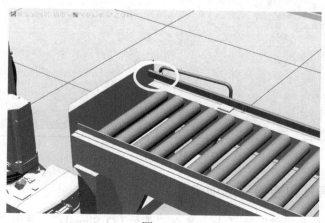

图 10-78

⓫ 打开"属性: LinearMover"选项卡,设置参数如图 10-80 所示,单击"应用"按钮。

图 10-79　　　　　　　　　　　　图 10-80

10.3.2　设置"属性与连结"选项卡

❶ 切换到"属性与连结"选项卡,单击最下方的"添加连结",弹出"添加连结"对话框。

❷ 按照如图 10-81 所示的参数设置"添加连结"对话框,表示将面传感器检测到的物体加入队列,单击"确定"按钮。

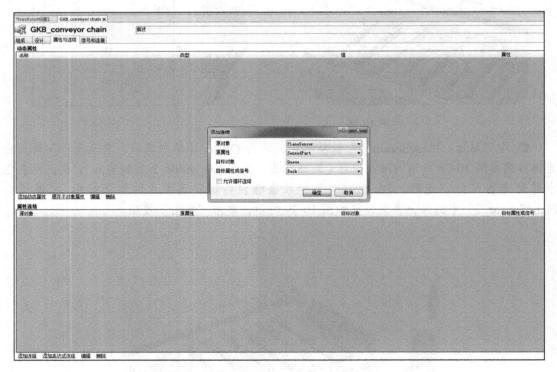

图 10-81

10.3.3　设置"信号和连接"选项卡

❶ 切换到"信号和连接"选项卡,单击"添加 I/O Signals",弹出"添加 I/O Signals"

对话框。

❷　在"添加 I/O Signals"对话框中，添加一个"信号类型"为 DigitalInput、"信号名称"为 CC_DI0 的信号，如图 10-82 所示。设置完成后单击"确定"按钮。

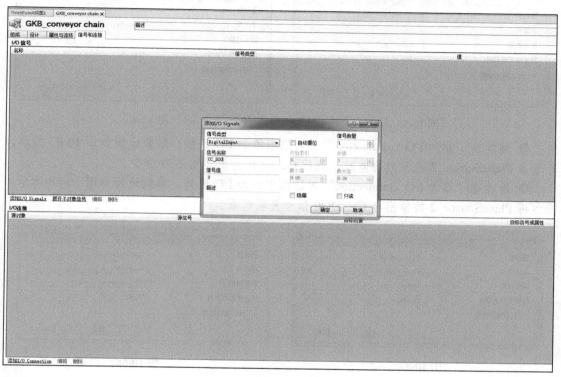

图 10-82

❸　继续单击"添加 I/O Signals"，在弹出的"添加 I/O Signals"对话框中，添加一个"信号类型"为 DigitalOutput、"信号名称"为 CC_DO0 的信号，如图 10-83 所示。设置完成后单击"确定"按钮。

❹　单击"信号和连接"选项卡下方的"添加 I/O Connection"，弹出"添加 I/O Connection"对话框。参数设置如图 10-84 所示，表示当 CC_DI0 为 1 时，触发 PlaneSensor 传感器开始检测。

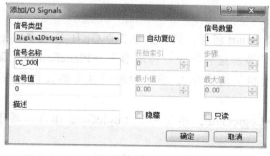

图 10-83

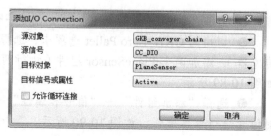

图 10-84

❺　继续在"添加 I/O Connection"对话框中添加 I/O 连接。参数设置如图 10-85 所示，表示当 CC_DI0 为 1 时，触发 PlaneSensor_2 传感器开始检测。

❻ 继续在"添加 I/O Connection"对话框中添加 I/O 连接。参数设置如图 10-86 所示，表示当 PlaneSensor 检测到物体时，执行 Queue 组件的加入队列动作。

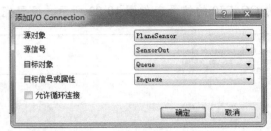

图 10-85   图 10-86

❼ 继续在"添加 I/O Connection"对话框中添加 I/O 连接。参数设置如图 10-87 所示，表示当 PlaneSensor_2 检测到物体时，执行 Queue 组件的退出队列动作。

❽ 继续在"添加 I/O Connection"对话框中添加 I/O 连接。参数设置如图 10-88 所示，表示将 PlaneSensor_2 的输出与 CC_DO0 信号关联起来。

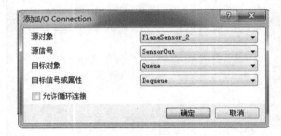

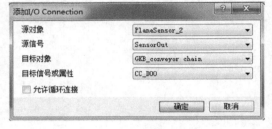

图 10-87   图 10-88

至此，一条输送链的动态效果添加完毕（一共创建了 5 个 I/O 连接）。为另一条输送链添加动态效果的步骤与其类似，在此不再赘述，请自行添加。

10.4 为码盘添加动态效果

10.4.1 创建 Smart 组件

❶ 选择"建模"→"Smart 组件"，创建一个 Smart 组件，将其重命名为 GKB_Euro Pallet。

❷ 切换到 GKB_Euro Pallet 选项卡，选择"添加组件"→"传感器"→PlaneSensor（面传感器），添加两个 PlaneSensor 组件（执行两次相同的操作），用于检测码盘上的货物状态，如图 10-89 所示。

❸ 选择"添加组件"→"信号和属性"→LogicGate，添加一个 LogicGate 组件，用于对信号进行取反操作，如图 10-90 所示。

❹ 选择"添加组件"→"动作"→Source，添加一个 Source 组件，用于复制货物，如图 10-91 所示。

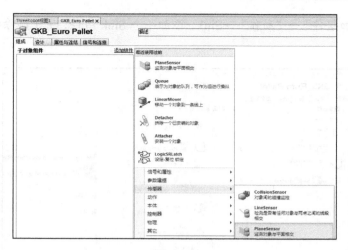

图 10-89

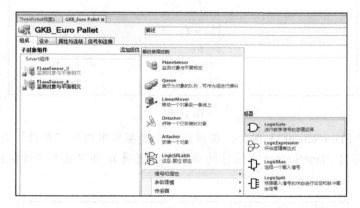

图 10-90

图 10-91

❺ 选择"添加组件"→"动作"→Sink，添加一个 Sink 组件，用于删除货物，如图 10-92 所示。

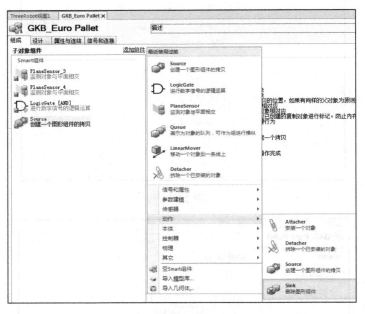

图 10-92

❻ 右键单击 PlaneSensor_3 组件，在弹出的快捷菜单中选择"属性"命令，如图 10-93 所示（图片右侧将对 PlaneSensor_3 组件的参数进行说明），即可出现"属性：PlaneSensor_3"选项卡。

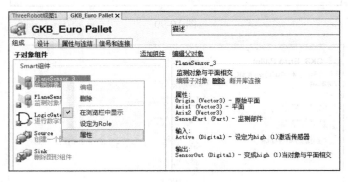

图 10-93

❼ 切换到"ThreeRobot：视图 1"选项卡，调整到如图 10-94 所示的视角，并确认此时的捕捉工具为"捕捉末端"工具 。

❽ 在"属性：PlaneSensor_3"选项卡中，单击 Origin 下的数值框，直至光标闪动。将光标移到如图 10-94 所示的端点位置，在出现灰色小球时单击鼠标。此时，在 Origin 下的数值框内将出现选中点的位置坐标。"属性：PlaneSensor_3"选项卡中的其他参数设置如图 10-95 所示，单击"应用"按钮。

❾ 在"属性：PlaneSensor_4"选项卡中，单击 Origin 下的数值框，直至光标闪动。将

光标移到如图 10-96 所示的端点位置，在出现灰色小球时单击鼠标。此时，在 Origin 下的数值框内将出现选中点的位置坐标。"属性：PlaneSensor_4"选项卡中的其他参数设置如图 10-97 所示，单击"应用"按钮。

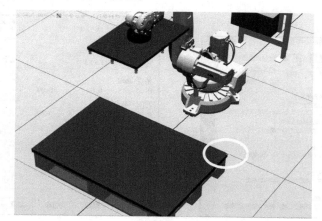

图 10-94

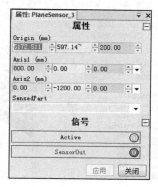

图 10-95

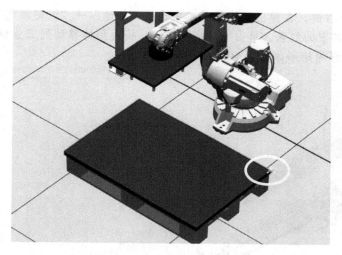

图 10-96

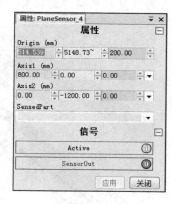

图 10-97

⑩ 打开"属性：LogicGate[NOT]"选项卡，设置参数如图 10-98 所示，单击"应用"按钮。

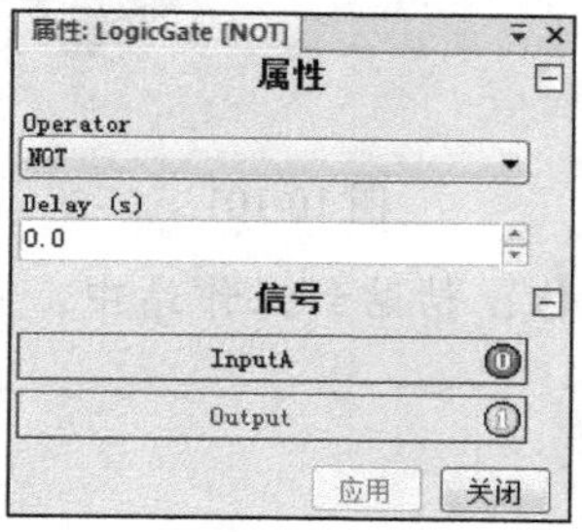

图 10-98

⓫ 选择"建模"→"固体"→"矩形体",如图 10-99 所示,此时将弹出"创建方体"选项卡。创建一个长度为 600mm、宽度为 400mm、高度为 200mm 的矩形体,如图 10-100 所示。设置完成后单击"创建"按钮。

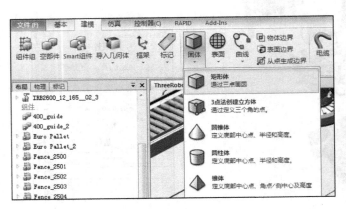

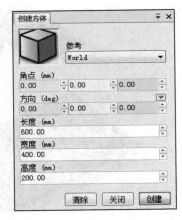

图 10-99   图 10-100

⓬ 在新建的矩形体上单击鼠标右键,在弹出的快捷菜单中选择"修改"→"设定颜色"命令,弹出"颜色"对话框。选中其中的红色,单击"确定"按钮。将矩形体移动到工业机器人的吸盘能够操作的位置。设置好的矩形体如图 10-101 所示。

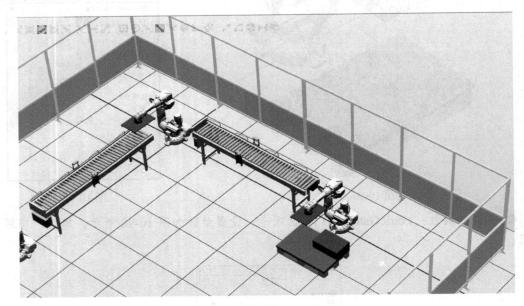

图 10-101

⓭ 复制 7 个刚刚创建的矩形体,粘贴到工作站中,并将其摆放至如图 10-102 所示的状态。

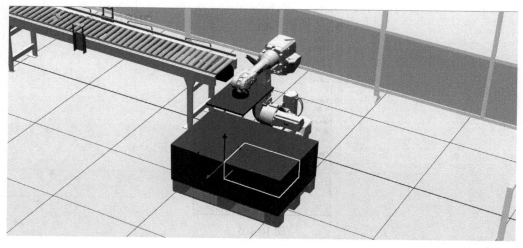

图 10-102

⑭ 选择"建模"→"组件组"，如图 10-103 所示，创建一个"组件组"，将其命名为"货物组"。

⑮ 在"布局"选项卡中，选中"部件_1"～"部件_8"，将其拖入"货物组"，如图 10-104 所示。

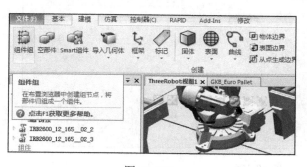

图 10-103

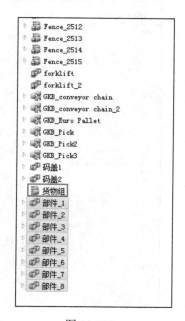

图 10-104

⑯ 切换到 GKB_Euro Pallet 选项卡，右键单击 Source 组件，在弹出的快捷菜单中选择"属性"命令，即可出现"属性：Source"选项卡。参数设置如图 10-105 所示，单击"应用"按钮。

⑰ 在"布局"选项卡中，右键单击"货物组"，在弹出的快捷菜单中取消选中"可见"，即将"货物组"隐藏。

图 10-105

10.4.2　设置"属性与连结"选项卡

❶ 切换到"属性与连结"选项卡，单击最下方的"添加连结"，弹出"添加连结"对话框。

❷ 按照如图 10-106 所示的参数设置"添加连结"对话框，表示将 PlaneSensor_3 检测到的物体作为 Sink 组件的删除对象，单击"确定"按钮。

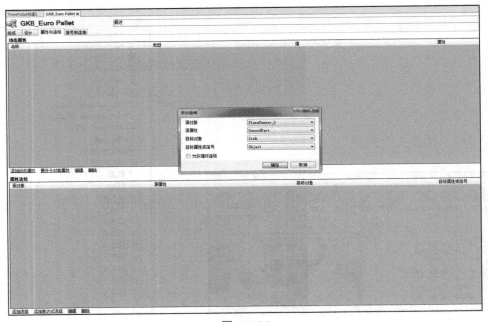

图 10-106

10.4.3　设置"信号和连接"选项卡

❶ 切换到"信号和连接"选项卡，单击"添加 I/O Signals"，弹出"添加 I/O Signals"对话框。

❷ 在"添加 I/O Signals"对话框中，添加一个"信号类型"为 DigitalInput、"信号名称"为 EP_DI0 的信号，如图 10-107 所示。设置完成后单击"确定"按钮。

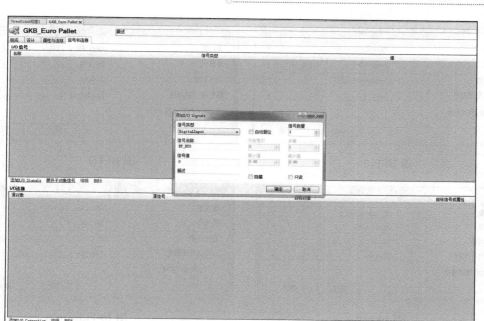

图 10-107

❸ 单击"信号和连接"选项卡下方的"添加 I/O Connection"，弹出"添加 I/O Connection"对话框。参数设置如图 10-108 所示，表示当 EP_DI0 信号为 1 时，触发 PlaneSensor_3 传感器开始检测。

❹ 继续在"添加 I/O Connection"对话框中添加 I/O 连接。参数设置如图 10-109 所示，表示当 EP_DI0 信号为 1 时，触发 PlaneSensor_4 传感器开始检测。

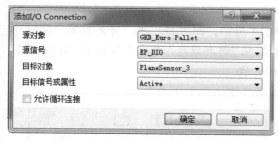

图 10-108

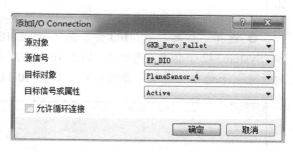

图 10-109

❺ 继续在"添加 I/O Connection"对话框中添加 I/O 连接。参数设置如图 10-110 所示，表示将 PlaneSensor_4 组件的输出信号送入 LogicGate 组件进行逻辑运算。

❻ 继续在"添加 I/O Connection"对话框中添加 I/O 连接。参数设置如图 10-111 所示，表示将 LogicGate 运算的结果与触发 Source 组件的动作信号关联起来。

❼ 继续在"添加 I/O Connection"对话框中添加 I/O 连接。参数设置如图 10-112 所示，表示当 PlaneSensor_3 检测到货物时，执行删除货物动作。

❽ 继续在"添加 I/O Connection"对话框中添加 I/O 连接。参数设置如图 10-113 所示，表示将 EP_DI0 信号与 Source 组件的执行关联起来，方便在仿真开始时复制出一组货物组。

图 10-110　　　　　　　　　　　　　　　图 10-111

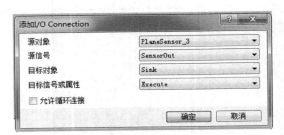
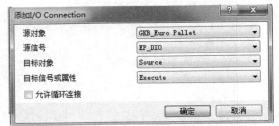

图 10-112　　　　　　　　　　　　　　图 10-113

10.5　整体测试

在完成了对吸盘、输送链、码盘动态效果的添加后，就可以进行整体测试了（注意：吸盘的测试方法已在前面介绍过，在此不再赘述，请按照之前的方法自行测试）。测试步骤如下。

❶ 选择"仿真"→"I/O 仿真器"，如图 10-114 所示，此时将出现"仿真设定"选项卡和"System342 个信号"选项卡（如图 10-115 所示）。在"仿真设定"选项卡右侧的"System342 的设置"下选中"连续"单选按钮，如图 10-116 所示。

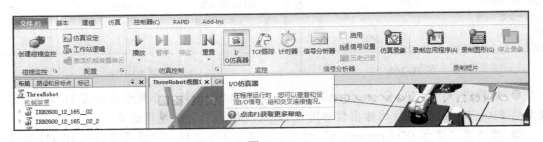

图 10-114

❷ 切换到"ThreeRobot：视图 1"选项卡，选择"仿真"→"播放"，开始进行仿真测试。

❸ 在"System342 个信号"选项卡中，设置"选择系统"为 GKB_Euro Pallet，此时的"System342 个信号"选项卡已显示为"GKB_Euro Pallet 个信号"选项卡，将 EP_DI0 置为 1，表示激活面传感器开始检测并复制第一组货物，如图 10-117 所示。

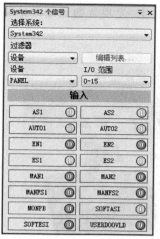

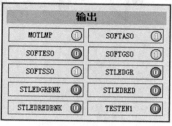

（a）上半部分　　　　　　　　　　（b）下半部分

图 10-115

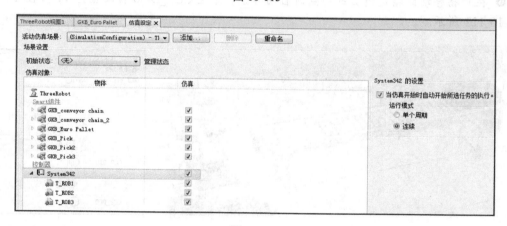

图 10-116

❹ 继续设置"选择系统"为 GKB_conveyor chain_2，此时的选项卡已显示为"GKB_conveyor chain_2 个信号"选项卡，将 CC2_DI0 置为 1，表示激活其上两个面传感器开始检测，如图 10-118 所示。

图 10-117

图 10-118

❺ 利用"移动"工具 将一件货物放到输送链 2 上，发现货物已经开始移动，如图 10-119 所示。

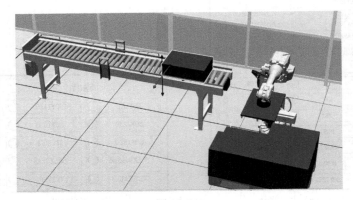

图 10-119

❻ 在货物移动到输送链 2 的终点时自动停止，并且 CC2_DO0 自动置为 1，如图 10-120 和图 10-121 所示。

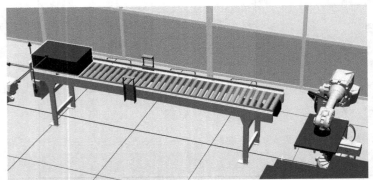

图 10-120　　　　　　　　　　　　　　　　图 10-121

❼ 将货物从输送链 2 提起后，在"GKB_conveyor chain_2 个信号"选项卡中，CC2_DO0 自动复位，即设为 0，如图 10-122 和图 10-123 所示。

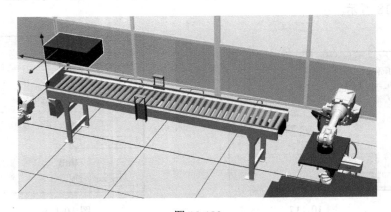

图 10-122

❽ 在"GKB_conveyor chain_2 个信号"选项卡中，继续设置"选择系统"为 GKB_conveyor_chain，此时的选项卡已显示为"GKB_conveyor_chain 个信号"选项卡，将 CC_DI0 置为 1，表示激活输送链 1 上的传感器开始检测，如图 10-124 所示。

图 10-123

图 10-124

❾ 工业机器人旋转 90°，将货物拖放到输送链 1 的起始端，发现货物已经开始移动，如图 10-125 所示。

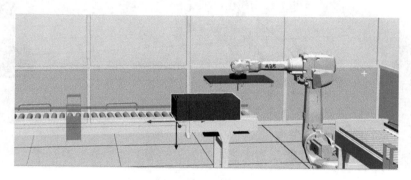

图 10-125

❿ 在货物移动到输送链 1 的终点时将自动停止，并且 CC_DO0 自动置为 1，如图 10-126 和图 10-127 所示。

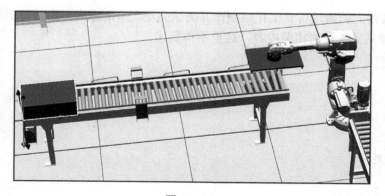

图 10-126

图 10-127

⓫ 将货物从输送链 1 提起后，在"GKB_conveyor chain 个信号"选项卡中，CC_DO0

自动复位，即设为 0，如图 10-128 和图 10-129 所示。

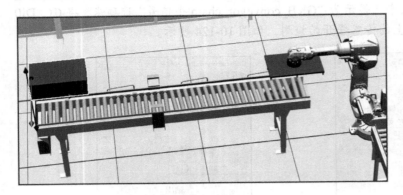

图 10-128   图 10-129

⑫ 将货物拖放到码盘 1 上，货物将自动被删除，如图 10-130 所示。

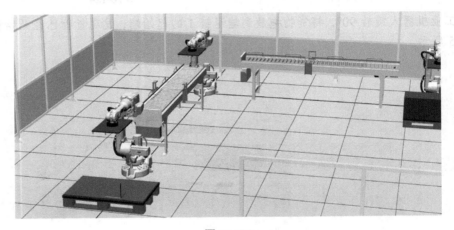

图 10-130

⑬ 如果一切正常，则在测试结束后可以选择"仿真"→"停止"，停止仿真过程；选择"仿真"→"重置"，恢复仿真前的状态，方便进行下一次仿真。

至此，我们已经把工业机器人的搬运仿真工作站制作并测试完毕。如果想将工作站与工业机器人信号关联起来，请参见第 6 章的相关内容，这里不再赘述。

知识点练习

❶ 为吸盘添加动态效果
❷ 为输送链添加动态效果
❸ 为码盘添加动态效果
❹ 为搬运仿真工作站进行整体测试。
❺ 在本例中并没有为吸盘添加声音效果，请为本例的三个吸盘添加声音效果。